GROSS-
HAMBURGISCHE STREITFRAGEN
HERAUSGEGEBEN VON
FRED S. BAUMANN
HEFT 4/5

HAMBURGS WOHNUNGSPOLITIK VON 1818 BIS 1919

EIN BEITRAG ZUR PSYCHOLOGIE DER GROSS-STADT

VON

FRITZ SCHUMACHER
PROF. DR. ING.
BAUDIREKTOR IN HAMBURG

HAMBURG
L. FRIEDERICHSEN & CO.
1919

Druck von J. J. Augustin in Glückstadt und Hamburg.

Inhaltsverzeichnis.

Als eine der Folgen der großen Kämpfe, die hinter uns liegen, tritt immer deutlicher eine Bewegung hervor, die man als eine Kriegserklärung an die Großstadt bezeichnen könnte. Ihre Leiden und Gebrechen werden bald im Tone des Spottes oder der Ironie, bald im Tone der Anklage und der Entrüstung mit einer gewissen Wollust hervorgehoben und wer allein die Manifeste und Anträge, die Schilderungen und Vorschläge der letzten Zeiten zu Gesicht bekäme, der könnte meinen, daß eine plötzliche Erleuchtung in die Menschheit gekommen wäre über einen unbegreiflichen Irrweg, auf dem sie in verhängnisvoller Blindheit bislang dahin wandelte.

Solch ein Eindruck würde in zweifacher Hinsicht unrichtig sein. Die Kriegserklärung gegen die Großstadt ist in der architektonischen Fachwelt schon längst erfolgt, alle Erörterungen über die Wohnungsfrage, alle grundsätzlichen Bestrebungen des Städtebaues, die der inneren Entwicklung des architektonischen Berufs im letzten Jahrzehnt den eigentlichen Stempel aufdrücken, waren nichts anderes. Aber die breite Öffentlichkeit hatte dies Ringen nur wenig verstanden; erst jetzt wurde es zum populären Leitmotiv. Das ist das eine; das andere aber ist, daß diese Entwicklung zur Großstadt nicht als eine Verblendung betrachtet werden darf, die kluge Erkenntnis hätte vermeiden können. Ihre Grundzüge tragen den Stempel historischer Unabänderlichkeit. Sie ist nicht eine Schöpfung, die je nach dem Grad fachmännischen Verständnisses gelungen oder verfehlt ausfällt, sondern sie ist nichts anderes als das Widerspiel einer sozialen Entwicklung. Das Stück sozialer Geschichte, das die letzten 100 Jahre umfaßt, konnte nur diese Form erzeugen und vielleicht sind unter allen Künstlern, in deren Streben jetzt der Hauch der Revolution vorausgewittert erscheint, die Architekten die frühesten „Revolutionäre" gewesen, weil sie schon lange vor dem großen Umsturz die soziale Seite ihrer Kunst im Sinne eines praktischen Gemeinschaftsgefühls in heißem Bemühen umzugestalten trachteten. Nicht in Formen und Linienzügen, sondern in diesen geistigen Wurzeln liegt in der Baukunst das Entscheidende.

Will man nun diesem historischen Gebilde „Großstadt" reformierend zu Leibe gehen, so kann man das nur, wenn man es historisch versteht. Erst dies Verstehen enthüllt die Schwächen in ihrem letzten Ursprung. Es zeigt die Punkte, wo man ansetzen kann und zeigt die Fäden, die man nicht zu zerreißen vermag, mit denen man also freiwillig einstweilen noch ein Stückchen fortweben muß, ehe man zu einem ganz neuen Muster übergehen kann.

Für solch historisches Erkennen vermag man wohl gewisse Grundlinien aufzuweisen, die ganz allgemein sind, wirklich fruchtbar aber wird es erst, wenn man es auf ein bestimmtes Objekt und seine Eigentümlichkeiten richtet, denn erst am Lebendigen kann man das Lebendige erkennen.

Deshalb soll hier verfolgt werden, wie sich in Deutschlands zweiter Großstadt Hamburg das entwickelte, was für das Wesen jeder Großstadt das ausschlaggebende ist, die Wohnverhältnisse der Massen. Daß dies Problem das eigentlich maßgebende ist, erkennt man im Lauf der Entwicklung erst allmählich. Lange Zeit greift man im eifrigen Bemühen, um eine möglichst gedeihliche Gestaltung der Stadt, zu allen möglichen Mitteln und Maßnahmen, die diese Wohnverhältnisse mittelbar aufs tiefste berühren, ohne diese Wirkung als eigentlichen Zweck dabei zu verfolgen. Das bezieht sich vor allem auf das Kapitel „Verkehr". Der Sinn für die Forderungen der Verkehrsfragen ist in der Geschichte unserer Städte beträchtlich früher entwickelt, als der Sinn für die Forderungen der Wohnfragen. Worin die Wechselwirkung zwischen beiden liegt, beginnt erst langsam dem allgemeinen Verständnis näher gerückt zu werden. Wenn wir die Entwicklung der Maßnahmen verfolgen wollen, die dem Wohnwesen dienen, müssen wir deshalb zugleich die Maßnahmen verfolgen, die aus Überlegungen des Verkehrswesen hervorgehen. Sie werden innerlich untrennbar sein.

Betrachten wir Hamburgs Wohnpolitik der letzten 100 Jahre von diesem Gesichtspunkte aus, so zerfällt das große Gebiet, das sich damit auftut, in zwei Gruppen von Aufgaben. Einmal gilt es, das historische Gebilde der Stadt den neuen Bedürfnissen gemäß umzugestalten und dann gilt es, die über den alten Kern hinaus sich ausweitenden Ringe der wachsenden Stadt neuzugestalten.

Diese zwei Kapitel sind nicht nur äußerlich, sondern im tiefsten Kern ihrer Gedankengänge und ihrer Anforderungen verschieden: die Umgestaltung des Gewordenen und die Neugestaltung des Werdenden verlangen eine ganz verschiedene Einstellung des schaffenden Architekten.

Es ist ein Grund für viele großstädtische Mißgriffe, daß man sich dieser Tatsache recht spät bewußt wurde und zunächst für das Neuentstehende nur im geflickten Alten Vorbild und Maßstab sah.

I. Die Umgestaltung der alten Stadt.

Die Versuche, die Hamburg machte, um aus der immer drückenderen Engigkeit seines mittelalterlichen Baugefüges loszukommen und Luft für das Leben seiner Bewohner zu gewinnen, waren zunächst von einem seltenen Unstern verfolgt. Der erste wurde 1804 mit der Schleifung der Festungswerke vorgenommen. Das war an sich eine sehr vernünftige wohnungspolitische Tat, denn durch die lange Einschnürung der Stadt in dem Panzer dieser Festungswerke, war sie gezwungen worden, den ganzen Zuwachs der Bevölkerung durch immer stärkere Ausnutzung ihres alten Raumes zu bewältigen. Dadurch waren Hinterhöfe und Gänge unbehindert durch polizeiliche Gegenmaßnahmen entstanden, die höchst bedenkliche Wohnverhältnisse anbahnten. Aber diese befreiende Tat nutzte zunächst nicht viel, Napoleon machte sie zunichte, er stellte diese Festung wieder her und erst 1818 gelang es, die Wälle endgültig zu beseitigen. Damit wird vor hundert Jahren die erste entscheidende Tat getan, um eine Wohnungspolitik einzuleiten, die sich nach der Richtung großstädtischer Gesichtspunkte bewegt.

Der zweite Versuch, der gemacht wurde, gelang in seiner Art vollkommen, aber dies Gelingen können wir heute nur mit tiefstem Bedauern bestätigen. Man schuf innerhalb der Wälle des alten Hamburg Platz durch das Niederlegen seiner ehrwürdigsten Kirchen. 1806 wurde der Dom und die St. Maria Magdalenen Kirche abgetragen. Es folgten die St. Johannis- und die Heiligen-Geist-Kirche. 1836 endlich entfernte man die Domkurien hinter St. Peter. Nur die letzte Maßregel brachte wirklich etwas größere Verkehrsfreiheit, die anderen Opfer waren nicht nur barbarisch, sie waren letzten Endes auch nutzlos, — die Stadt blieb trotzdem das gleiche Gewirr enger Gassen, in dem der Verkehr stockte und das Wohnen durch den Mangel jeglicher sanitären Anlagen je länger je mehr unerträgliche Formen annahm. Sicherlich ist das alte Hamburg der ersten Hälfte des 19. Jahrhunderts eine entzückend malerische Stadt gewesen, aber sie glich der „Frau Welt“, von der die mittelalterliche Dichtung berichtet, daß sie von vorne betrachtet die reizvollste der Frauen ist, von rückwärts betrachtet aber sich zeigt voller Schwären und greulichen Gewürms. Allmählich waren die großen Blöcke, welche die Häuser der Stadt ursprünglich als weite Gärten umschlossen, völlig vollgebaut von einem Wirrwarr kleiner „Wohnhöfe" und Gassen. Der ganze Bevölkerungszuwachs wurde auf diese Weise von Fall zu Fall, wie's gerade noch ging, in den ursprünglichen Organismus hineingestopft. Jetzt begann das Gefäß voll zu werden. Kaum ein Fleckbreit Raum in den Blöcken war unbebaut, — zwischen diesen Wohnungsknäueln zogen sich enge Gassen als Hauptverkehrsadern, eine der wichtigsten, der Große Burstah, wechselte zwischen 7 m und 8 m in der Breite, — der Altewall war 6 m bis 7 m breit. — So war ein wohnungstechnisch unmögliches Gebilde entstanden. Man hatte eben gar keine Wohnungspolitik getrieben, sondern den Dingen einfach ihren Lauf gelassen und man war dabei völlig festgefahren. Wie sollte man aus diesem Zustand herauskommen?

Es ist für Hamburgs bauliche Geschichte charakteristisch, daß der Stadt immer große Unglücksfälle die entscheidende Wendung zur Reform gegeben haben. Erst im Feuer heißer Not stählte sich der Wille zu wohnungspolitischen Taten großen Stils. Die erste solche Wende in der Geschichte des Hamburger Wohnungswesens ist der große Brand von 1842, die zweite Wende ist die Cholera-epidemie von 1892, die dritte Wende wird der Krieg von 1914 werden.

Nachdem man sich in drei Jahrzehnten damit begnügt hatte, ganz systemlos bald hier, bald da kleine Lücken in das Hamburger Häusermeer zu reißen, im übrigen aber alles seinen willkürlichen Gang weitergehen ließ, kam im Jahre 1842 eine höhere Gewalt und riß innerhalb dreier Tage nicht weniger als 310 Hektar dieses unmöglich gewordenen Wohngebildes zu einem Schutthaufen zusammen. Das war eine grausame aber auch eine radikale Sanierung. Hamburg blutete aus tausend Wunden aber es hatte Luft, es war vor dem Ersticken gerettet. Die erste große wohnungspolitische Tat verdankt es der Hand des Schicksals. Durch dieses Gewaltmittel ergaben sich ganz ungewöhnliche wohnungspolitische Möglichkeiten, Möglichkeiten, wie sie keine große Stadt im 19. Jahrhundert gehabt hat, und es entsteht die Frage; wie hat Hamburg sie ausgenutzt?

Wenn wir den Plan betrachten, der 1842 als Ersatz für den niedergebrannten Stadtteil entstanden ist, so haben wir eine Arbeit vor uns, die mit dem alten Plane keinerlei Ahnlichkeit mehr hat, es ist eine völlig neue, freie Schöpfung. In einem merkwürdigen Prozeß entstand aus einem typischen Ingenieur-Entwurf des englischen Ingenieurs Lindley, der nur Verkehrsrichtungen zu beachten scheint, und einem typischen Architekten-Entwurf, der ganz auf monumentale Gestaltung eingestellt war, mit dem Semper als Gegenarbeit auftrat, allmählich unter Chateauneufs führender

Hand ein Gebilde, das hohe städtebauliche Qualitäten besitzt.[1]) Diese Qualitäten sind raumbildender Natur: die Vereinigung des Rathausplatzes mit dem Becken der Alster kann als hervorragende Leistung angesprochen werden. Ganz besonders aber sind sie verkehrstechnischer Natur: im allgemeinen wurden damals Straßen großen Stils weitblickend angelegt, vor allem die neue große Stadtachse, der Alsterdamm. *Wohnungspolitischer* Natur scheinen sie im ersten Augenblick eigentlich nicht zu sein. Und doch wird hier zugleich das Fundament aller großstädtischen Wohnungspolitik gelegt: eine neuzeitliche Regelung des Abwasserwesens und der Versorgung mit Wasser und Licht.

Vor 1842 bestanden auf diesen Gebieten mittelalterliche Verhältnisse: Straßenreinigung und Beleuchtung gab es nicht, als Siele für Schmutzwässer und Kloaken dienten die Flete. Aus eben diesen Fleten geschah die Trinkwasserversorgung durch private „Wasserkünste". Jetzt werden die Stadtwasserkunst und große Gaswerke gegründet, vor allem aber wurde ein ganz fortschrittliches System der Abwasserbehandlung eingeführt, das man der berühmten Londoner Anlage nachmachte: die Schwemmkanalisation. Mag man heute von der radikalen Feindseligkeit gegen die Fäkalien, die das Schwemmsystem darstellt, aus volkswirtschaftlichen Gründen denken, wie man will, von wohnungspolitischen Gesichtspunkten aus bedeutet seine Anlage einen entscheidenden Wendepunkt in der Geschichte des Wohnungswesens der Stadt.

So kann man sagen, daß alle ingenieurtechnischen Maßnahmen, die der große Brand zeitigte: lichte und reine Straßen, hygienische Zustände, moderne Wasserversorgung, erst die Vorbedingungen gaben zu einer vernunftgemäßen Behandlung der Menschenhäufung, die sich im Laufe der Jahre immer erschreckender an jenen bevorzugten Siedlungsstellen geltend machte, die wir heute Großstadt nennen. Weiter als bis zu diesen ingenieurtechnischen Gesichtspunkten drang das öffentliche Verständnis damals noch nicht. Heute will es uns selbstverständlich erscheinen, daß nun auch bautechnische Maßnahmen in Form von Gesetzen und Beschränkungen ergänzend hinzutreten müssen, um aus diesen Vorbedingungen eine wirklich bewußte Wohnpolitik zu machen. Das sah man damals noch nicht ein. Nur aus *ästhetischen* Gründen wurden an einzelnen Stellen, nämlich an den neuen Monumentalplätzen Höhenbeschränkungen eingeführt, nur aus *feuerpolizeilichen* Gründen wurden in den neuen Quartieren bestimmte Baubedingungen aufgestellt, die sich

---

[1]) Eine genaue Darstellung dieses Vorganges an der Hand der Pläne wird demnächst vom Verfasser als 2. Band der Veröffentlichungen des Vereins für Hamburgische Geschichte herausgegeben werden.

auf Baumaterialien und Dachausbildungen bezogen. Daß man aus sozialen Gründen die Formen der baulichen Gestaltung des Hausorganismus beeinflussen muß, wenn die Menschen immer mehr mechanisch aneinander gepfercht werden, war der Allgemeinheit noch nicht zum Bewußtsein gekommen. Wohl arbeitete die „Technische Kommission", die nach dem großen Brande eingesetzt wurde, auch über die Bestimmungen für das abgebrannte Viertel hinaus ein allgemeines Baupolizeigesetz aus, aber die Bürgerschaft lehnte die wohlvorbereitete Vorlage zweimal ab. Ihr schienen die Bestimmungen, die sich vor allem auf ein solides Bauen bezogen, als unnütz verteuernd und sie weigerte sich eine „ganz unökonomische Bauart" einzuführen. So kam es, daß ein Viertel-Jahrhundert lang nur im Bezirk des Brandes strengere baugesetzliche Vorschriften galten und erst am 1. Januar 1896 ein allgemeines Baugesetz für die ganze innere Stadt sowie die Vorstädte St. Georg und St. Pauli in Kraft trat, das einige Ordnung für die bauliche Betätigung festlegte, die bisher nur durch Tradition in gewissen Schranken gehalten war. Diese Ordnung bezog sich außer den besonderen bautechnisch-feuerpolizeilichen Bestimmungen vor allem auf das Verhältnis der Bauten zum öffentlichen Grund. Die wichtigste Frage, das System des Bauens, wurde vor allem durch zwei Bestimmungen beeinflußt: für die Erschließung der tiefen Blöcke durch Hinterhäuser an jenen „Wohnhöfen", die sich in der engen alten Stadt herausgebildet hatten, wurden lichtere Maaße verlangt und die Höhe der Frontwände an den Straßen durfte die Straßenbreite nur um 6 m übersteigen. Die erste Bestimmung genügte nicht, um das Übel wirklich abzustellen, die zweite begann eine Entwicklung einzuleiten, in der man das eigentn liche Verhängnis für die Wohngestaltung der Großstadt erblickekann.

Die Bestimmung: Straßenbreite + 6 m = Haushöhe war gedacht als Maximalwert, diese Höhenentfaltung sollte keinesfalls überschritten werden. Aber es stellte sich bald heraus, daß es im Bauwesen einer Großstadt Maximalwerte praktisch eigentlich gar nicht gibt, sie werden sofort Normalwerte. Aus der Möglichkeit der Ausnutzung bildet sich der Grundstückswert und die Möglichkeit, die das Gesetz gibt, wird eine zwingende Form, die den Typus der Gestaltung des Bauwerks unabänderlich festlegt. Als man nur nach Tradition baute, gab es Viele, die dachten garnicht daran, ihren Grund und Boden durch möglichst hohe Bau-Entwicklung möglichst auszunutzen, sie schlossen sich an die Nachbarn an und so entstand ohne Zwang, nur durch Beharrungsvermögen zumeist eine ziemlich einheitliche Bauweise. Das ständige Wachsen der Menschenmassen und die daraus entspringende natürliche Tendenz des immer engeren Zusammenpferchens machte es unmöglich, dieses System der Tradition beizubehalten. Die immer enger werdenden Hinterhäuser und einzelne grobe Entgleisungen anderer Art waren Warnungszeichen, und so kann man es als die Tragik der Großstadt bezeichnen, daß sie durch die wohlmeinenden und in ihrer Art klug überlegten Maßnahmen, um sie aus ihrer Not zu erretten, in eine neue Not gestürzt wurde, die nun eigentlich erst zur wahren Not der Großstadt auswuchs: aus dem wuchernden Wohnungselend, das an manchen Stellen furchtbar war, aber doch, wie alles Lebendige, so manche mildernde Züge dazwischen aufwies, daß sich der böse Zustand dem Gefühl nicht in voller Deutlichkeit mitteilte, wurde das mechanisierte Wohnungselend, das zwar überall in gewissen Grenzen gehalten wurde, aber dafür die Kraft des Lebendigen verlor, und sich in voller Schwere drückend aufs Gefühl legte.

Mit einem Worte, wir stehen an dem großen Wendepunkt, wo die Stadt aufhört ein Produkt organischen Lebens zu sein, und ein Produkt von Gesetzen wird. Es begann die Mechanisierung der Großstadt und damit eine bewußte Wohnungspolitik.

Dieser Wendepunkt ließ sich weder vermeiden noch herausschieben. Was mit ihm einsetzte, läßt sich auch niemals wieder verlassen. Es gibt für alle Zukunft keinen entgegengesetzten Weg, es gibt nur eine Möglichkeit, innerhalb dieser Bahn durch immer größere Vervollkommnung das Ertötende zu überwinden und seiner Herr zu werden. Sobald wir uns zu einer solchen Überlegenheit durchgearbeitet haben, daß die Mechanisierung nicht uns in ihrem Bann hat, sondern daß wir sie lenken können, beginnt das Menschliche aus seiner künstlichen Verkapselung wieder hervorzutauchen. Die ganze weitere Entwicklung dessen, was wir in der Städtebau- und Wohnungsbewegung durchmachen, ist der Kampf um diese Überlegenheit.

Wenn jene zweite Epoche, die der „mechanisierten Großstadt", die jetzt begann, für uns heute so furchtbar geworden ist, so kann man den letzten Grund dafür nachträglich vielleicht in eine kürzere Formel zusammenfassen als es im ersten Augenblick möglich erscheint. Um das Wachstum der Großstadt heilsam zu regulieren, griff das Gemeinwesen zu Maßnahmen des Verhinderns. Das Baupolizeigesetz ist in bewußter Beschränkung ein Gesetz des Verhinderns. Das andere große Mittel der Beeinflussung des Stadtwachstums, der Bebauungsplan, war zunächst, wie wir noch sehen werden, auch nichts als ein Gesetz des Verhinderns, denn vom Standpunkt der Wohnungspolitik kann man auch das Auslegen großer Straßen betrachten als Bauverbot im Interesse des Verkehrs. Die Absicht, nur verhindern zu wollen, erwies sich aber als unmöglich, die

Normen, die aus negativem Geist ersonnen waren, wurden in der Praxis umgewertet zu Normen des produktiven Tuns. Was nur verhindern sollte, wurde unvermerkt zur Grundform des Schaffens. Aus dieser Verzerrung vermag nur eines zu retten: den Gesetzen neben ihrem verhindernden Wesen bewußt und planvoll auch schöpferische Inhalte zu geben. Das ist leichter gesagt als durchgeführt, denn im tiefsten Grunde widerstrebt es dem Wesen dieser Materie. Gesetze wirken mechanisch und ohne weiteres läßt sich das Schöpferische mit dem Mechanischen nicht verbinden. Wir werden erst später verfolgen können, wie sich allmählich Methoden herausbilden, um zunächst dem Bebauungsplan das Stück schöpferischen Charakters zu geben, das ihm als Ergänzung des hindernden Gesetzes zukommt. Darin liegt die Hauptsache, aber schließlich eröffnen sich auch für die Bauordnung Ausblicke, um ihrem negativen Wesen schöpferische Keime zu gesellen. Wir werden sehen, daß in diesem Prozeß, der eigentliche zweite Wendepunkt der Wohnungspolitik der Großstadt liegt.

Die ersten Regungen einer gesetzlichen Mechanisierung des Bauwesens, auf die wir bei unserer Betrachtung stießen, haben nun nicht nur die Eigentümlichkeit, baulich betrachtet lediglich aus verhindernden Absichten geboren zu sein, sie bergen noch eine weitere Gefahr ganz anderer Art: sie verhindern nur unvollkommen.

Wenn man in der ersten in ihrem Ergebnis so verhängnisvollen Epoche der mechanisierten Stadtentwickelung nach den Etappen des Fortschritts ausschaut, dann liegt er vor allem in einer allmählichen Vervollkommnung dieses Verhinderns. 1882 wurden neben den Höhenbeschränkungen (außer dem Keller höchstens 5 Geschosse, Frontentwicklung gleich Straßenbreite plus 6 m; in den Vororten Bauhöhe gleich Straßenbreite, größte Höhe 24 m) auch Beschränkungen in der Dichtigkeit des Bauens erlassen: vor den Fensterwänden von Räumen, die zum dauernden Aufenthalt von Menschen dienen, wurde ein unbebauter Raum verlangt, dessen Ausdehnung senkrecht zur Fensterwand in der inneren Stadt (nebst St. Pauli und St. Georg) ein Drittel, in den Vororten zwei Drittel der Wandhöhe betragen mußte. Das war eine tatsächliche wohnungspolitische Reform, denn es wurde damit ein „konstantes Minimum von Luft und Licht“ für den Wohnraum erkämpft, das in den dichten Quartieren der inneren Stadt schon lange nicht mehr gewährleistet war. 1899 endlich wurde in dieser Beziehung in einer neuen Fassung des Baupolizeigesetzes noch ein Schritt weiter getan, es wurden bei der Bebauung jedes Grundstücks bestimmte Freiflächen erzielt durch die Bestimmung: daß bei Etagenhäusern in unmittelbarer Verbindung mit ihnen ein

Haupthof frei bleiben muß, der vor jeder an ihm errichteten Gebäudewand in den inneren Stadtteilen mindestens der Hälfte, in den äußeren zwei Drittel der Höhe der Gebäudewand an Ausdehnung gleichkommt. Für Hinterwohnhäuser muß ein Hofplatz geschaffen werden, der für jedes Geschoß 2 m, in den äußeren Stadtteilen 3 m Breite erhalten muß.

Das waren wohnungspolitische Grundsätze, die recht eigentlich aus den abschreckenden Verhältnissen geboren wurden, die sich immer mehr in der alten Stadt entwickelt hatten. Man muß sich klarmachen, daß das, was der lange Bestand der Festungswerke eingeleitet hatte, noch etwa ein halbes Jahrhundert lang dadurch weiter fortgesetzt wurde, daß bis zum 31. Dezember 1860 eine Torsperre bestand, die einer natürlichen Verteilung des Bevölkerungszuwachses auf die Außengebiete höchst hemmend entgegenstand. So hatte sich denn in allen Bezirken, die jener große Brand von 1842 nicht zwangsweise „saniert" hatte, immer mehr und bis 1860 ohne jede gesetzliche Einschränkung eine bauliche Art entwickelt, die in höchst erfindungsreicher Weise den Boden im Innern der großen Blöcke des alten Straßennetzes bis aufs äußerste ausnutzte. Die Bebauung an den langen schmalen Hinterhaus-Streifen, die als Wohnhöfe und Gänge von den Straßen abzweigten und so unter möglichst geringem Aufwand von Straßenfront die tiefen Blöcke ausnutzten, wurde immer höher und schließlich nutzte das noch etwas schüchterne „Halt", das durch das Baupolizeigesetz von 1866 dieser Entwicklung geboten wurde, nicht mehr viel.

Von der Mitte der sechziger Jahre an, werden verschiedene einzelne Vorstöße gemacht, um die Verhältnisse des alten Stadtkörpers zu verbessern, aber sie entspringen alle ausschließlich Gesichtspunkten des Verkehrs und wirken deshalb wenig auf die Wohnungsverhältnisse. Der Durchbruch der Wexstraße zwischen Groß-Neumarkt und Bleichen ist eine der wichtigsten dieser Maßnahmen. Die Verbreiterung des Reichenstraßenzuges und der Brandstwiete, sowie die Regulierung der Vorsetzen ist zu nennen. Ferner der Durchbruch der Kolonnaden zwischen Dammtor und Jungfernstieg und vor allem der Ausbau der Ringstraße und die Umgestaltung der Wallanlagen (1893/95), die in den Regulierungen des Elbparks ihren höchst verwickelten Abschluß finden. So sehr diese Maßnahmen einzelne Eindrücke der Stadt umgestalteten, sie wurden wohnungspolitisch kaum nutzbar gemacht. Noch mehr aber fällt das Zurücktreten wohnungspolitischer Gesichtspunkte gelegentlich der großen Veränderungen auf, die der Zollanschluß Hamburgs in den 80er Jahren hervorrief. Er bedingte große hafentechnische und wirtschaftstechnische Bauten, deren Ausführung fast 24000 Menschen aus Kleinwohnungen vertrieb. Man sorgte sich nicht um ihre Neuansiedlung, sondern überließ es ihnen selbst, sich vor allem in den äußeren Stadtteilen neue Unterkunft zu suchen. Hier entstanden die Mietskasernen mit tiefen Hinterhöfen von 9 m Breite, den sogenannten „Terrassen“, wie sie für die Bautätigkeit von 1882 (Neues Gesetz) bis zur Novelle von 1893 charakteristisch sind. Auch bei dieser Gelegenheit wurde im Stadtkern vieles umgestaltet, aber was man dabei nicht anfaßte, waren die Wohnungsverhältnisse. Man mußte viel radikaler eingreifen, wenn die alte Stadt nicht nur für ihre Geschäftsfunktionen, sondern auch für die immer verwickelteren Lebensverhältnisse ihrer Bewohner wirklich brauchbar bleiben sollte und dafür fehlte der große Entschluß.

Wieder bedurfte es eines gewaltigen Schicksals-Eingriffs, um der Wohnungspolitik eine entscheidende Reformwendung zu geben. Er trat ein durch die Cholera des Jahres 1892. Genau nach einem halben Jahrhundert folgte auf das große wohnungspolitische Ereignis des Brandes das große wohnungspolitische Ereignis der Cholera. Es ergänzt gleichsam erst die Wirkungen des Brandes. Ebenso furchtbar, wie die beiden Ereignisse an sich waren, ebenso segensreich wurden sie in ihren Einflüssen auf die Entwicklung der Stadt. Denn es ist merkwürdig und vielleicht für die Psychologie demokratischer Organisationen recht lehrreich: so schwer der in lauter Einzelwillen zerspaltene Aktionstrieb einer kollegial geleiteten Bürgermasse in unbequemen, viele Privatinteressen berührenden Reformfragen zur Initiative zu bringen ist, so erstaunlich entwickelt er die Kraft gemeinschaftlichen Wollens, sobald schwere Schicksalsschläge große Ziele als unvermeidliche Aufgaben stecken und unter der heißen Wucht des Geschicks alle Einzelinteressen zu einer großen gemeinsamen Kraft zusammenschmieden.

So wirkte die Cholera von 1892 auf Hamburg und führte in dem Kapitel der Umgestaltung der alten Stadt zu Taten, deren bewegende Kraft heute noch nicht zu Ende ist. Die Welle, die damals auf diesem Gebiet der Wohnungspolitik anhub, ist wohl geistig, aber noch nicht praktisch zu Ende gerollt.

Ähnlich wie die Maßnahmen, die der große Brand von 1842 hervorrief, wenn man sie näher betrachtet, alle ganz deutlich unter dem Stichwort Feuerschutz stehen, stehen die Maßnahmen, die durch die Cholera von 1892 hervorgerufen wurden, ganz deutlich unter dem Stichwort Gesundheitsschutz. Es ist durchaus natürlich, daß die Formen der Wohnungspolitik die Spuren der Triebfedern, unter deren Druck sie entstanden, zeigen. Die großen Gefahren, denen man ins Auge geschaut hatte, wirken hypnotisierend und folgerichtiger Weise hieß die Hypnose der nächsten Entwicklungsepoche: Hygiene.

Es ist natürlich, daß auf wohnungspolitischem Gebiet Feuerschutz- und Gesundheitsschutz-Maßnahmen sich umsetzen in soziale Wirkungen, Wirkungen wichtigster Art. Trotzdem aber kann man, rückschauend, wenn man das Wohnungsproblem als soziales Problem schlechthin betrachtet, in den Maßnahmen dieser beiden Epochen die Einseitigkeit des Entstehungs-Gesichtswinkels deutlich erkennen: hier ergeben sich zwar soziale Reformen, aber geboren werden sie nicht eigentlich aus sozialen, sondern aus technischen Motiven.

Wie der Brand eine „Technische Kommission" zeitigte, die eine weite Wirksamkeit nach allen möglichen Seiten entfaltete, zeitigte die Cholera eine „Kommission zur Verbesserung der Wohnungsverhältnisse", die nach verschiedenen Gesichtspunkten ihre Arbeit begann.

Gesetzestechnisch wirkte sie sich vor allen Dingen aus durch eine Novelle zum Baupolizeigesetz, die 1893 die Vorschriften für die gesundheitlichen Bedingungen der Wohnräume verschärfte und durch die Neuschaffung eines „Wohnungspflegegesetzes", das erst 1898 nach erheblichen Widerständen der Grundeigentümerkreise durch eine zweite abgezweigte Kommission zur Vollendung kam.

Eine Studienkommission, die Englands Wohnungspolitik studierte, brachte als die ersten sechs von 12 programmatischen Punkten folgende Grundsätze als Ausbeute mit heim:

1. Alle menschlichen Wohnungen, insbesondere die öffentlichen Logierhäuser, bedürfen der dauernden gesundheitlichen Überwachung.
2. Die Überwachung hat sich zu erstrecken auf den baulichen Zustand der Wohnungen, auf Licht- und Luftzufuhr, auf alle gesundheitlichen Einrichtungen, auf Wohndichte und auf die Reinigung der Treppen, Gänge und Hofplätze.
3. Die Überwachung hat durch beamtete Personen aus den Kreisen des Baugewerbes zu erfolgen.
4. Die Gesundheitsaufseher müssen neben der Wohnungsüberwachung praktische Gesundheitspflege treiben.
5. Die Entscheidung, eine Wohnung für unbrauchbar zu erklären, darf nur auf Grund eines ärztlichen Gutachtens erfolgen.
6. Räume, die zum Bewohnen unbrauchbar erklärt sind, dürfen zu anderen Zwecken benutzt werden.

Im allgemeinen sind die Ziele des Wohnungspflege-Gesetzes nach diesen Gesichtspunkten aufgebaut.

Neben den allgemeinen Grundsätzen werden dabei ganz bestimmte Anhaltspunkte festgelegt für den Luftraum, der im Verhältnis zur Bewohnerzahl gefordert wird (für jedes Kind 7,5 cbm, für jeden Erwachsenen 15 cbm, Schlafraum für jedes Kind 5 cbm, für Erwachsene 10 cbm) und für die Bedingungen, unter denen

Einlogierer gestattet sind (getrennte Geschlechter, eigenes Bett, Lüftung und Reinigung).

Abweichend aber von den programmatischen Punkten ist der Betrieb der Behörde ehrenamtlich aufgezogen; die Vorsteher der zwölf Kreise und die Wohnungspfleger der einzelnen Bezirke, in die die Kreise zerfallen, werden von der Bürgerschaft ehrenamtlich gewählt. Dadurch fehlt dem ganzen Apparat die innere Entwicklungsfähigkeit, die eine gut geleitete amtliche Maschinerie hat, und dadurch mag es sich erklären, daß sich ein innerlich untrennbarer Bestandteil dieser Wohnungspflege ganz abseits von ihrem Betriebe entwickelt hat, der Wohnungsnachweis, der aus der mustergültigen Wohnungsstatistik des Statistischen Amtes hervorgewachsen ist.

Es zeigt sich hier deutlich, daß die Wohnungspflege seinerzeit aus dem einseitigen Gesichtspunkte der Hygiene historisch hervorgewachsen ist. Erst die Vereinigung der Ergebnisse der Wohnungsstatistik mit dem Betrieb der Wohnungspflege, also nicht nur eine hygienische Kontrolle, sondern zugleich eine soziale Vermittelung, deckt ganz den Kreis der Aufgaben, der hier vorliegt, wenn man ein solches Amt vom weiteren Gesichtspunkte eines sozialpolitischen Organs auffaßt. Diese Entwicklung vom sozialhygienischen zum allgemein sozialpolitischen Geist ist die Forderung, die den weiteren Kurs kennzeichnet, der von dieser Stelle aus genommen werden muß, um in die neueste Epoche der Hamburger Wohnungspolitik hereinzupassen.

Neben diesen gesetzes-technischen Maßnahmen stehen nun aber zugleich unmittelbare praktische Taten. Man sah ein, daß man für erhebliche Distrikte der alten Stadt eine ähnliche durchgreifende Umgestaltung des ganzen Gefüges von Straßen und Baublöcken systematisch vornehmen mußte, wie es der Brand für einen Teil dieser Stadt bereits gewalttätig veranlaßt hatte.

Man faßte diese Aufgabe im größten Stile an. Ein Durchbruchs- und Sanierungs-Programm wurde entwickelt, wie es andere Städte wohl kaum aufzuweisen haben

Im kritischen Jahr 92 war man gerade mitten in einer großen Durchbruchsarbeit begriffen. Die Kaiser Wilhelmstraße hatte sich als unerläßliche Verbindung zwischen dem Holstenplatz, dem Mittelpunkt der Justizgebäude, und der inneren Stadt erwiesen. Die Straße ist 450 m lang. Die Grunderwerbskosten betrugen 5 922 000 Mk., der Straßenbau 660 000 Mk. Für die übrigbleibenden Teile der erworbenen Grundstücke kamen 2 181 000 Mk. wieder ein. Sie kostete dem Staat also 3 741 000 Mk.[1]) Sie ist eine Anlage, die nur

[1]) Vergl Sperber, „Stadterweiterung, Sanierung und Straßendurchbrüche" in Hamburg und seine Bauten, II. Teil.

aus Verkehrsgesichtspunkten hervorgegangen ist und man kann sie als ein Musterbeispiel dafür bezeichnen, daß das ein unmögliches Verfahren ist. Man hatte nur das Knappste dessen an Grundstücken erworben, was für die Durchlegung des Verkehrsweges notwendig war, und man war in dieser einseitigen Blickrichtung so weit gegangen, daß man nicht einmal darauf achtete, ob der Rand der Straße bebaubar wurde; einzelne Restzwickel, die noch heute als unbebaubare Lücken in der Straßenwand zu sehen sind, zeugen in grotesker Weise davon.

Mit dieser Form der Durchbrüche mußte man jetzt allerdings gründlich brechen, man hatte gelernt, daß die Umgestaltung einer Altstadt nicht eine Straßen-, sondern eine Wohnungsfrage ist und so gingen denn die neuen Durchbrüche nicht von Gesichtspunkten des Verkehrs, sondern von Gesichtspunkten der Bebauung aus. Man begann mit Erhebungen darüber, in welchen Bezirken der inneren Stadt sich die bedenklichsten Wohnerscheinungen zeigten, Medizinalamt und Baupolizei wirkten dabei mit der Statistik zusammen und es zeigte sich, daß in drei geschlossenen Gebieten die größte Gefahr zu suchen war: der Bezirk I grenzte unmittelbar an das vom Brande verschonte Gebiet um die Petri- und Nikolai-Kirche bis zum Meßberg. Von ihm ist zurzeit die Mönckebergstraße ausgeführt, während der Krieg mitten in die Abbruchsarbeit des übrigen Teiles eingriff. Der Bezirk II schloß sich an die neue Kaiser Wilhelmstraße und reichte rechts und links von der Wexstraße bis zum Kohlhöfen und zum Alten Steinweg. Er wartet noch der Durchführung. Der Bezirk II begann bei der Michaeliskirche und reichte vom Herrengraben über den Schaarmarkt bis zu den Vorsetzen am Hafen.

Mit diesem Bezirk II begann die Arbeit. Es handelte sich um eine Gesamtfläche von 136586 qm, von denen 26876 auf neue Straßenzüge entfallen. 299 Gebäude wurden abgebrochen, 110 erheblich umgebaut.

Es galt dabei das ganze engbebaute Gebiet, das zum größten Teil bei Sturmflut alljährlich durch die Elbe überschwemmt wurde und dadurch ganz besonders üble Verhältnisse zeigte, auf sturmflutfreie Höhe aufzuhöhen. 1900 waren die Planungen reif und ihre Durchführung wurde in zwei Abschnitten von 1900 bis 1904 und von 1904 bis 1912 vollendet. Diese Durchführung war nicht nur eine recht schwierige technische, sondern vielleicht eine noch schwierigere sozialpolitische Aufgabe. Man konnte sich angesichts dieses Abbruches einer ganzen kleinen Stadt von Kleinwohnungen nicht etwa damit begnügen, vernünftige neue Blöcke an luftigen Straßen zu schaffen, man hatte daneben für mancherlei anderes zu sorgen. Die zweite Serie der 12 Leitsätze, welche die Studienkommission aufgestellt hatte, lautete:

7. Es ist notwendig, an die Stelle der abgebrochenen Wohnungen an derselben Stelle oder in der Nähe für möglichst ebenso viele Menschen derselben Bevölkerungsklasse, die früher dort gewohnt hat, neue zu schaffen.
8. Die gesundheitliche Verbesserung ganzer Viertel ist nur unter geldlicher Beihilfe des Staates oder der Gemeinde vorzunehmen.
9. Es ist Vorsorge zu treffen, daß der Wiederaufbau nicht zu Spekulationszwecken erfolgt.
10. Es empfiehlt sich, die Erneuerung möglichst langsam vorzunehmen, um die gesammelten Erfahrungen anwenden zu können.
11. Für die Wiederaufbauung gesundheitlich zu verbessernder Gebiete dürfen nur baupolizeiliche Mindestforderungen angewandt werden, um nicht zu unerschwinglichen Kosten zu kommen.
12. Es ist anzustreben, durch Musterkleinwohnungen der Privatbebauung Anregung zur Nachahmung zu geben.

In diesem trefflichen Programm steckte eine Fülle von Problemen und man kann wohl sagen, daß die Hamburger Verwaltung eigentlich erst jetzt begann, diese Probleme der Wohnungspolitik bewußt anzupacken.

Der Antrag des Senats „betreffend die Verbesserung der Wohnungsverhältnisse in einzelnen Teilen der inneren Stadt" vom 5. März 1897, der das Wohnungspflegegesetz begleitete, beginnt allerdings mit einem Rückblick, der behauptet: „Hier in Hamburg hat sich die Aufmerksamkeit den auf diesem Gebiet zu lösenden Aufgaben verhältnismäßig früh zugewendet." Aber was dann als Beweis angeführt wird, ist doch nicht besonders eindrucksvoll. Es wird auf ein Gesetz vom 27. Juni 1873, betreffend die Förderung der Erbauung von kleinen Wohnungen hingewiesen, das wohl eindringlich auf die Gefahren hinwies, aber in der Praxis nicht zu wirklich entscheidenden Taten führte. Dann wird mit Recht hervorgehoben, daß der Staat von jeher „an milde Stiftungen zur Errichtung kleiner und kleinster Wohnungen, durch welche für die in Betracht kommenden Kreise gesunde und billige Wohngelegenheit geschaffen wird" Staatsgrund überwiesen hat; — aber eben dieser Hinweis zeigt, daß die Frage im wesentlichen der privaten Initiative überlassen wurde. Und endlich wird betont, „Auch in dem Antrage des Senats vom 10. Juli 1878, betreffend die Überlassung eines Platzes auf der Veddel an die Gemeinnützige Baugesellschaft zur Herstellung von Arbeiterwohnungen, gelangte die gleiche Anschauung zum Ausdruck in der Darlegung, daß das Bestreben der Gesellschaft die Wohnungsverhältnisse der arbeitenden Klasse zu verbessern, in jeder Weise zu begünstigen sei und daher das Interesse des Staates in erster Linie nicht sowohl auf das finanzielle Ergebnis, als vielmehr darauf gerichtet sein müsse, daß die programmäßige Ausführung des Unternehmens gesichert, die Erreichung des angestrebten Ziels durch zweckmäßige Bestimmungen gefördert und den Anforderungen der Bau- und Sanitätsbehörden in jeder Hinsicht entsprochen werde". Damit wird auf ein Unternehmen hingewiesen, das der Zeit weit voraus ein Problem aufgriff, an das man sich erst heute wieder praktisch heranwagt: die Kleinhaus-Arbeiter-Kolonie. Rob. M. Sloman hatte 1878 ein größeres Gelände in der Nähe der Elbbrücken mit Baggersand aufgehöht und dann in Form einer Gemeinnützigen Baugesellschaft eine Muster-Kolonie von 200 Einzelwohnungen darauf errichtet. Es sind 4-Zimmerwohnungen mit 270 qm Gartenland, an besielten Straßen mit Wasser- und Gasleitung, die für 4000 Mk. an Arbeiter gegen geringe monatliche Abzahlungen überlassen wurden. Diese im übrigen vorbildliche Anlage wählte etwas kühn einen Grund und Boden, der durch die großartige Entwicklung des Hamburger Hafens bald im Werte emporschnellte und versäumte etwas unvorsichtig die geschäftliche Organisation so aufzuziehen, daß der Gesellschaft die Wertsteigerung gesichert wurde. Diese zufälligen Schwächen haben dazu geführt, daß sie in Hamburg lange Zeit als unwiderlegliches Beispiel für die Sinnlosigkeit solcher Reform-Unternehmungen galt, denn die Besitzer der wertvoll gewordenen Parzellen drängten in der nächsten Generation auf Verkauf, zogen mit ihrem Gewinn wieder in Etagenhäuser und führten so scheinbar den Sinn des Experimentes ad absurdum, während der Staat sein einstmals billig überlassenes Land für hohe Summen zurückkaufte. Man beginnt erst allmählich einzusehen, daß die Sache nicht an ihrem Sinn, sondern nur an ihrer Organisation scheiterte: wäre die Wertsteigerung in Händen des Staates geblieben, so wäre der Trieb zur Abwanderung nie entstanden und der Staat hätte mit den Mitteln der Wertsteigerung die Kolonie in vergrößertem Umfang in eine geeignetere Gegend verlegen können.

Man konnte also diese Slomansche Anlage an und für sich mit Recht auf das Pluskonto der Stadt buchen, aber wirkt es nicht etwas seltsam, wenn man im Jahre 1897 bei der offiziellen Entrollung dieses Kapitels auf das Jahr 1878 zurückgreifen muß?

Mit einem Worte, man hatte viel nachzuholen und viel neu zu lernen und die Akten aus jener Zeit zeigen, mit welchem Ernst man das anpackte und zugleich, wie sauer es einem wurde.

Der Arbeitsplan, nach dem man vorgehen wollte, war durchaus einleuchtend: man zerlegte den ersten vierjährigen Abschnitt der

Ausführung wieder in einzelne Jahre und wollte erreichen, jedesmal den Teil der Bevölkerung, dessen Behausungen man in einem Arbeitsjahr abriß, in den Wohnungen anzusiedeln, die man im vorangegangenen neu erbaut hatte. Für den ersten Jahresbedarf stellte man zwei bei der Regulierung der Ringstraße entstandene Blöcke zur Verfügung, indem man sie für Kleinwohnungen zum Verkauf anbot. Und jetzt machte man die erste enttäuschende Erfahrung; man mußte im Bericht vom 14. Februar 1900 der Bürgerschaft mitteilen, daß „keines der eingegangenen sechs Angebote mit Sicherheit die Annahme zuließ, daß auf Grundlage derselben, Wohnungen erbaut werden würden, welche nach Preis und Größe als Ersatz für die bei der Sanierung abzubrechenden Wohnungen würden dienen können.“ Man sah sich deshalb, da die Lage Maßregeln erheischte, gezwungen, mit der „Schiffszimmerer-Genossenschaft“ einen Vertrag abzuschließen, der dem Staat nicht einen erhofften Gewinn, sondern erhebliche Opfer auferlegte. Der Preis des Quadratmeters wurde auf nur 60 Mk. festgestellt (außer einer jährlichen Rente von 727 Mk.) und der Kaufpreis innerhalb der Grenze von 75% als Hypothek zu $3^1/_2$% auf die Bauten eingetragen. Dafür wurde ein Verzicht auf Veräußerung des Platzes für 10 Jahre verlangt und die Errichtung von kleinen Wohnungen, deren Zimmerzahl, Raumgröße und Miete (370 Mk. für 3 Zimmer, 250 Mk. für 2 Zimmer, 150 Mk. für 1 Zimmer, Küche und Zubehör) festgelegt wurde. Erhöhungen dieser Mieten bedurften innerhalb der zehnjährigen Frist der Genehmigung.

Ähnliche Erfahrungen machte man auch während der einzelnen Bauabschnitte. Die baufertigen neuen Grundstücke fanden nur ganz zögernde Käufer und das Ineinandergreifen von Neubau und Abbruch versagte durch die Unlust des Baumarktes kleinen Wohnungen gegenüber. Bei dem, was gebaut wurde, war man nie sicher, daß es den sozial notwendigen Zwecken entsprach, überall zeigte sich die Neigung, größere Wohnungen zu bauen und es den Mietern zu überlassen, durch Unterabgabe der entbehrlichen Räume die Unstimmigkeit mit dem eigentlich wirtschaftlich erschwingbaren persönlichen Bedarf wieder auszugleichen. Wäre die Bevölkerung nicht von selbst zum großen Teil in die Vororte gezogen ohne am alten Wohnort zu haften, so hätte man vor katastrophalen Wohnungsschwierigkeiten gestanden. Wenn sie auch äußerlich nicht eintraten, die grundsätzliche Schwierigkeit, die sich hier auftat, blieb trotzdem mit gleicher Stärke bestehen. Man wurde durch diese Vorgänge unvermeidlich vor die große Kernfrage großstädtischer Wohnungspolitik gestellt, inwieweit der Staat verpflichtet ist, für die Angemessenheit der Wohnverhältnisse seiner Bürger zu sorgen, und es ist höchst interessant im einzelnen zu verfolgen, welch einen Aufruhr widerstreitender Anschauungen das Auftauchen dieser Frage als bewußt erkanntes Problem entfesselt. Man wittert in ihr die Schicksalsfrage der Zukunft. Es ist als ein großes Verdienst des Senators Roscher zu bezeichnen, — ganz gleichgültig, wie man sich im einzelnen seinen Anschauungen gegenüber stellt, — daß er von vornherein den Versuch macht, die Frage nicht nur von der Hand in den Mund zu lösen, sondern in eine klare volkswirtschaftliche Beleuchtung zu rücken. Im Dezember 94 läßt er im Senat seine ersten Ausführungen unter dem Titel „Beiträge zur Wohnungsfrage" verteilen, denen im Februar 96 weitere folgten. Keine Anträge, sondern ganz ungewöhnlicher Weise lediglich Material zur Klärung der Anschauungen. Er stellt Schmollers energischen Forderungen („Mahnruf zur Wohnungsfrage" 1887), die Vorschläge des österreichischen Staatsministers Schaeffle zur Seite, weist auf die Forderungen der Sozialdemokratie nach Verstaatlichung des Grundeigentums und schildert demgegenüber den Standpunkt des skeptischen Bürgers, welcher etwa sagt: „Aber stehen denn nicht Tausende von Wohnungen schon jetzt leer und werden nicht Tag für Tag neugebaute Grundstücke im Zwangsverkauf unter dem Bauwert losgeschlagen, gleich als habe der Baugrund jeden Wert verloren? Wie erschreckend groß muß der Verlust der hamburgischen Grundeigentümer sein, deren städtische Grundstücke ohne Grundwert in der Feuerkasse mit 1463 Millionen Mark geschätzt sind. Darf da der Staat noch neue Wohnungen bauen?" und der schließlich zu dem Ergebnis kommt: „Hüte man sich also, den Staat auf Irrwege zu leiten, wie es die Anerkennung der Verpflichtung wäre, für das Wohnungsbedürfnis der Mehrzahl der Bevölkerung zu sorgen. Die Mittel des Staates sind der Aufgabe nicht gewachsen, und ein solches Vorgehen hieße die Herbeiführung des kommunistischen Chaos fördern."

Er selbst steht auf dem Standpunkt, daß, wenn „ein großer Teil der Bevölkerung in Hamburg nicht in der Lage ist, sich eine angemessene Wohnung zu verschaffen, sondern in übervölkerte Gelasse zusammenziehen und darin mit 50000 Schläfern und Einlogierern hausen muß" die Wohnungsfrage weder durch „Genossenschaften Besitzloser", noch durch ein „Ansiedeln in entfernten Vororten" gelöst werden kann. „Ein wirklicher Notstand läßt sich nicht durch Scheinmittel beseitigen, sondern es wird ernstlich zu erwägen sein, wie kann der Bau kleiner Wohnungen auch in den inneren Stadtteilen gefördert werden." Es ist höchst interessant zu sehen, wie Roscher aus dieser an sich höchst sympathischen und charaktervollen Gesinnung heraus ein leidenschaftlicher Bekämpfer aller nach Gartenstadt und Flachbau weisenden Bestrebungen, die uns heute erfüllen, wird. Er glaubt, daß die Trennung von Arbeits- und Wohnstätte den Familiensinn untergräbt, und daß man Ideale an die Wand malt, die durch ihre Unausführbarkeit nur Enttäuschung und Verbitterung zeugen. Und ebenso leidenschaftlich verficht er deshalb die Lösung der Wohnungsfrage durch eine Steigerung der Leistungsfähigkeit des Großhauses. Diese sozialpolitische, der Gesinnung nach durchaus menschenfreundliche Überzeugung führt nun zu einem Ergebnis, das im ersten Augenblick völlig überrascht: Roscher kämpft gegen die hygienischen und baupolizeilichen Reformvorschriften. Während gerade damals alle Welt glaubt, durch scharfsinniges Erdenken solcher Vorschriften dem Übel des Wohnungselends an die Wurzeln zu gehen, sagt er: ihr macht das Übel in der Praxis nur größer. „Weshalb zwingt man die kleinen Leute nicht, sich so gut zu kleiden und zu nähren, wie es die vorzüglichsten Regeln der Gesundheitslehre verlangen? Vermutlich, weil jedermann leicht einsieht, daß sie das dazu erforderliche Geld nicht besitzen. Wie kommen wir also dazu, zu verlangen, daß die Wohnung nach den allerbesten Vorschriften der Hygiene gebaut werden soll, wenn wir genau wissen, daß der kleine Mann die dadurch veranlaßte hohe Miete nicht zahlen kann und der Staat weder willens, noch im Stande ist, das Fehlende zuzuschießen? Wollen wir nicht hygienische Luftschlösser bauen, so sollten wir uns sagen, von einem Einkommen von 1200 Mk. entfallen 200 Mk. höchstens 240 Mk., auf die Miete; wie weit können wir also mit unseren Bauvorschriften gehen, wenn wir die Herstellung von Wohnungen zu diesem Preise nicht verhindern und dadurch die ärgsten Übelstände schaffen wollen."

Roscher denkt in seiner Art vollkommen logisch: die Tatsachen zeigen, daß die Bauproduktion sich selbst überlassen, nicht kleine, sondern größere Wohnungen schafft; das schlimmste Übel ist, wenn der „kleine Mann" eine zu große Wohnung beziehen muß und sie nun durch Aftermiete und Häufung der Bewohner seinen Verhältnissen künstlich anpaßt. Da das Wohnungspflegegesetz in Hamburg nur den Kubikmeterraum für jeden Schläfer bestimmt, ist dem unnatürlichen Zusammenzug fremder Menschen keine grundsätzliche Grenze gesetzt. Man muß die wirklich kleine Wohnung also rentabel machen. Dafür bedarf es vor allem baulicher Erleichterungen gegenüber den anspruchsvollen Forderungen des Gesetzes. Die logische Folge ist: Erhöhung der Stockwerkzahl in Hinterhäusern, Vermehrung der Wohnungen, die an ein Treppenhaus angeschlossen werden dürfen (16 statt 12).

Dies soziale Paradox ist höchst interessant. Es ist in seinem Gedankengang für denjenigen durchaus nicht überraschend, der zwanzig Jahre später ganz ebenso, nur in entgegengesetzter Zielrichtung gegen die übertriebenen baupolizeilichen Ansprüche und gegen die hochgespannten Anforderungen an ideale Straßengestaltung zu kämpfen hatte, damit die nicht mit ihren Segnungen die sozialen Möglichkeiten des Kleinhauses erstickten. Beide Male handelt es sich darum, das merkwürdig oft nicht vorhandene Bewußtsein dafür zu wecken, daß technische Reformen nur dann zu sozialen Reformen werden, wenn sie im Rahmen wirtschaftlichen Gleichgewichts gelöst werden können. Der große Unterschied zwischen dem Ruf nach bautechnischen Erleichterungen für Großwohnungen und bautechnischen Erleichterungen für Kleinhäuser liegt nur in dem wichtigen Umstand, daß die einen eine unnatürliche Bauweise noch unnatürlicher, die anderen eine natürliche Bauweise eher noch natürlicher machen. Darin liegt eine gewisse Tragik der Reformabsichten, die Roscher in seiner Art ganz logisch vertrat, daß sie ihr arbeiterfreundliches Ziel nur erreichen können durch Entsagung. Eine im eigentlichen Kern verzerrte Form führt eben notwendiger Weise da, wo man ihre Schwierigkeiten lösen will, zu neuen Verzerrungen. Wirkliche Lösungen müssen am Kern ansetzen, und das heißt in diesem Falle, den Versuch zu wagen, die übertriebenen Formen des Großhauses durch flachere Bauweise zu überwinden.

Im Inneren der Stadt selbst kamen solche Lösungen, die auf neue flachere Hausformen heraus laufen, natürlich nicht in Betracht, unmittelbar ließ sich hier nur innerhalb der Roscherschen Gedankengänge wirken, und das führte schließlich, als die Tatsachen immer drastischer zeigten, daß die notwendigen Wohnungen im natürlichen Kreislauf von Angebot und Nachfrage nicht entstanden, zu einem „Gesetz, betreffend die Förderung des Baues kleiner Wohnungen vom 21. Mai 1902".

Es legt fest, daß der Staat demjenigen, der Kleinwohnungen von ganz bestimmt vorgeschriebenen Größen (Einzelzimmerwohnungen von 30—35 qm, Zweizimmerwohnungen von 35—38 qm, Dreizimmerwohnungen von 48—60 qm) in ganz bestimmt vorgeschriebenem Verhältnis (wenigstens ein Zwanzigstel Einzimmerwohnungen und höchstens ein Sechstel Dreizimmerwohnungen in jedem Hause) erbauen will, weitgehende Vergünstigungen gewährt. Es stellt Grund und Boden zur Verfügung, dessen Kaufpreis als 4prozentige Rentenschuld im Grundbuch eingetragen werden kann; es gibt 4prozentige Darlehen für den Bau bis zu 75 % des Feuerkassenwertes, wofür 1200000 Mk. zur Verfügung gestellt werden; es erläßt für 10 Jahre die Grundsteuer, sofern die Miete den Betrag von 6 Mk. pro qm lichte Fläche nicht übersteigt; er gibt endlich wesentliche Bauerleichterungen, indem es 16 statt 12 Wohnungen an einer Treppe zuläßt, die Wohnhof-Bedingungen vereinfacht und bei Hintergebäuden ein viertes Stockwerk zuläßt.

Man sieht, der Staat gab Manches preis, was er bisher zäh verteidigt hatte: die Zurückhaltung gegenüber grundsätzlicher staatlicher Wohnungsfürsorge und, — gleichsam zur Entschädigung, — Wesentliches von seinen bisherigen Reform-Forderungen. Das erste war unvermeidlich und erfreulich, das zweite unvermeidlich aber bedauerlich. Das Ergebnis konnte technisch betrachtet unmöglich erfreulich werden, es war ein sozialer Notbehelf, den schlauer Unternehmergeist noch mehr zu verzerren verstand, als innerhalb der beabsichtigten Grenzen vorauszusehen war. Aber auch statistisch betrachtet, hat das Gesetz nicht die Rolle gespielt, die man vielfach vermutete. Allerdings hob sich der Kleinwohnungsbau in den 6 Jahren nach seinem Erlaß auf die große Zahl von 47193 Wohnungen (gegenüber 8250 in den vergangenen Jahren) aber Classen hat nachgewiesen[1]), daß von ihnen nur 2833 Wohnungen die wirtschaftlichen Vorteile des Gesetzes in Anspruch nahmen und nur 14289, also 30 % die technischen Erleichterungen.

Dennoch kann man sagen, daß das Gesetz für die Durchführung der Absichten des großen Sanierungsprojektes unentbehrlich war, gab es doch wenigstens eine gewisse Richtung für das, was der Staat mit den gewaltigen Opfern erreichen mußte, die er für diese Arbeit aufwandte.

Sperber berechnet in einem zusammenfassenden Überblick[2]) die Gesamtkosten dieser Sanierung der südlichen Neustadt auf 28310000 Mk. für Grundstücksankäufe und 2654000 Mk. für Baukosten, denen nur 11690000 Mk. als Einnahmen beim Verkauf gegenüberstehen, so daß ein Gesamtverlust von 19274000 Mk. zu buchen ist.

Dafür wurde erreicht, daß etwa 14500 Menschen (statt 20883 vor der Sanierung) in etwa 3600—3700 Wohnungen mit besseren Licht- und Luft-Verhältnissen kamen.

Von diesen Wohnungen sind 1665 dadurch als Kleinwohnungen entstanden, daß die Verpflichtung zu solchem Bau beim Verkauf der Plätze als Beschränkung auferlegt wurde. 953 sind zudem durch entsprechende Bestimmungen einer willkürlichen Steigerung der Mietpreise entzogen. Das ist wichtig, denn die im freien Betrieb entstandenen Wohnungen werden durch die starke Nachfrage bald für den Hafenarbeiter zu teuer. Wir sehen also als Endergebnis, daß wenigstens bei einem Viertel der gesamten Produktion durch eine opfervolle Wohnpolitik das soziale Ziel äußerlich erreicht wurde.

---

[1]) J. Classen, Kleine Wohnungen. Hamburg und seine Bauten.

[2]) Sperber. Stadterweiterung, Sanierung und Straßendurchbrüche. Hamburg und seine Bauten.

Daß dies der Fall war, ist nur einer Erscheinung zu verdanken, die zunächst vom fiskalischen Wohnungspolitiker mit größten Bedenklichkeiten aufgenommen wurde: den gemeinnützigen Gesellschaften. Zuerst stellt man sich ihnen gegenüber auf den bekannten Standpunkt, daß der Staat keinen Grund hat, Unternehmungen zu unterstützen, die nur einigen Wenigen zu Gute kommen können; dann erkennt man allmählich, daß man diese Gesellschaften als Schrittmacher und Maßstabgeber in einer gesunden städtischen Wohnungspolitik auch bei blühendstem Baumarkt gar nicht entbehren kann und immer mehr stellt sich heraus, daß staatlich geförderte Unternehmen im Rahmen solcher Gesellschaften einstweilen die einzig sichere und letzten Endes auch die relativ wirtschaftlichste Form sind, um soziale Ziele zu erreichen.

Bei der Umgestaltung der südlichen Neustadt lag ein Angebot des „gemeinnützigen Bau-Vereins" vor, die ganzen für Arbeiterwohnungen bestimmten Plätze zu einheitlicher Bebauung zu übernehmen. Die Kommission drückte diesem Gedanken wohl ihre Sympathie aus, beschloß aber, „von einer Entscheidung des vorliegenden generellen Gesuches abzusehen" und die Wünsche des Vereins nur bei den Verkaufsbedingungen zu berücksichtigen. Das hatte dann zur Folge, daß der Senatsvertreter gelegentlich der Wohnungserörterungen bei der späteren Sanierung der Altstadt sagen mußte: „Die Kommission bedauere es außerordentlich, daß ihre Absicht, in der Altstadt billige Wohnungen für Hafenarbeiter zu erhalten, bisher nicht erreicht sei. Sie sei jetzt dazu übergegangen, die Preise für die Wohnungen ihrerseits bei der Veräußerung des Geländes festzusetzen und zu bestimmen, daß innerhalb 25 Jahren nur mit staatlicher Genehmigung verkauft werden dürfe. Hierfür kämen natürlich in erster Linie gemeinnützige Vereine in Betracht. Leider seien in zwei Fällen die Vereine im öffentlichen Verkaufstermin überboten worden." (Bericht des am 11. Oktober 1911 niedergesetzten Ausschusses vom Mai 1912.)

So führte der logische Zwang der Verhältnisse doch in die Bahn, in die man nur so zögernd einlenken wollte.

In Hamburg sind die Unternehmungen für gemeinnützige Bautätigkeit alle im Anfang der neunziger Jahre ins Leben getreten. 1891 die Abraham Philipp Schuldt-Stiftung, die 1895/1896 in der inneren Stadt, 1900/1901 in der Nähe des Sanierungsgebiets ihre kleinen Wohnungen errichtete; — 1892 die „Deutsche Schiffszimmerer-Genossenschaft", die ebenfalls das Sanierungsgebiet durch ihre Bauten entlastete und 1892 die bedeutendste unter ihnen, der von Heinr. Traun als Genossenschaft gegründete „Bau- und Spar-Verein", — der später als „Bau-Verein" in eine Aktiengesellschaft umgewandelt wurde. Er hat nicht nur im Sanierungsgebiet sondern in allen möglichen Gegenden dem Staat bis zum Jahre 1914 1736 kleine Wohnungen von mustergültiger Anlage geschaffen, was einem Aufwand für Platz und Bau von über 8 Millionen entspricht.

Der Bau-Verein hat auch zusammen mit der Hamburg-Amerika-Linie zur Befriedigung des besonders dringenden Wohnungsbedarfs in der unmittelbaren Nähe des Hamburger Hafens gewirkt und auch seine neuesten Unternehmungen an der Harburger-Chaussee dienen gerade diesem wichtigen Zweck. Hier entstehen auf Erbbau-Gelände 616 Kleinwohnungen, für deren Hypothek-Verzinsung der Staat die Bürgschaft übernommen hat. In ähnlicher Weise, wie der Bau-Verein, ist neuerdings auch die „Produktion" tätig, und alle diese Anläufe, um auch das private Kapital unter staatlicher Führung für die Besserung der Wohnungsverhältnisse heranzuziehen, kann man als bedeutungsvollen Kulturfortschritt gegenüber den Erscheinungen bezeichnen, die auf dem freien Markt des Unternehmertums auf diesem Gebiete zu entstehen pflegen. Hier ist ein Punkt, an dem man für alle weiteren Entwicklungen, die immer mehr unter den Gesichtspunkt des Gemeinnützigen gestellt werden müssen, anknüpfen kann. Ganz von selbst werden sich dabei, wenn die Entwicklung einen natürlichen Verlauf behält, gemischtwirtschaftliche Unternehmungen herausgestalten.

Während dieser erste Teil des großen Sanierungswerkes noch mitten in der Ausführung war, griff man bereits die Arbeiten des zweiten der großen Bezirke an, die seinerzeit im Programm der Kommission für die Verbesserung der Wohnungsverhältnisse festgelegt war. Die Ausführung der Hoch- und Untergrundbahn zwang dazu, sie mußte im Zuge einer großen Durchbruchstraße zwischen Bahnhof und Rathaus geplant und gleichzeitig mit ihr gebaut werden. So kam es, daß der Bau jener großen Straße, die nach dem Vorsitzenden des Sanierungs-Ausschusses „Mönckeberg-Straße" heißt, der Umgestaltung des übrigen Bezirks, der Steinstraße und Niedernstraße mitumfaßt, vorausging.

Bei dieser gewaltigen zweiten Umgestaltung eines großen Gebietes der alten Stadt, die wohnungspolitisch als eine Einheit zu betrachten ist, hatte man von den Erfahrungen der vorangehenden Arbeiten nur nach einer Richtung hin gelernt, nämlich nach der Seite der architektonischen Ausgestaltung. Es mag teils an der verantwortungsreichen Nähe des Rathauses und zweier ehrwürdiger Kirchen, teils an den inzwischen immer deutlicher zum Bewußtsein gekommenen üblen Erfahrungen des Kaiser-Wilhelm-

Straßen-Durchbruchs gelegen haben, daß man beim Durchbruch der Mönckebergstraße etwas nervös war im Gedanken an das, was da kommen würde. So setzte man denn eine eigene „Schönheits"-Kommission ein, welche die ästhetische Seite der werdenden Bauten vorzubereiten und die Projekte nach dieser Richtung hin zu prüfen hatte. Zum ersten Male gewährte man dem Hochbauwesen einen maßgebenden Einfluß auf die großen architektonischen Arbeiten, die mit diesen Sanierungen verknüpft sind, und betrachtete sie nicht nur als technische und volkswirtschaftliche Probleme. Die kritischen Stellen des Übergangs vom Neuen zum Alten wurden vom Hochbauwesen vorgearbeitet, die Massengestaltung der Bauten in den Verkaufsbedingungen festgelegt und das Zusammenstimmen der verschiedenen einlaufenden Projekte in einer Kommission unter Mitwirkung von Privatarchitekten nach gewissen Zielen gelenkt.

War man so in bezug auf die gestaltende Seite der Aufgabe zu einem Fortschritt gekommen, der hoffentlich in dem noch unausgeführten Teil der Sanierung noch erheblich gesteigert wird, so kann man das nach der sozialen Seite ursprünglich nicht sagen. In der Vorlage über die Umgestaltung des 4346 Bewohner der minderbemittelten Bevölkerung beherbergenden Gebietes, ist von der Wohnungsfrage, die bei der Neubebauung auftritt, garnicht die Rede. Erst der bürgerschaftliche Ausschuß begnügt sich nicht mit dem Gedanken, daß ja die neue Hochbahn den vertriebenen Bewohnern das Finden neuer Quartiere erleichtert. Er knüpft an den alten Programmpunkt an, die Menschen möglichst an der alten Wohnstätte wieder anzusiedeln und verlangt dies für mindestens zwei Drittel der bisherigen Bewohner. Dem wird entgegengehalten: „ob das Opfer des Staates im Verhältnis zu dem damit Erreichbaren nicht gar zu groß wäre. Das Drittel der Grundfläche, das Häuser mit kleinen Wohnungen erhalten solle, umfasse etwa 20000 qm, die bei freiem Verkauf durchschnittlich sicher 500 Mk. für den Quadratmeter bringen würden. Da Häuser mit kleinen Wohnungen aber allerhöchstens 150 Mk. auf den Quadratmeter tragen könnten, so würde sich das Opfer auf 7 Millionen Mark Kapital oder 280000 Jahreszinsen belaufen. Auf den 20000 qm könnten im Höchstfalle 1000 kleine Wohnungen eingerichtet werden; der Zuschuß würde also für die Wohnung 280 Mk. jährlich betragen." Aber die Mehrheit des Ausschusses war sich klar darüber, daß die Notwendigkeit, in unmittelbarer Nähe des Hafens Arbeiter und kleine Gewerbetreibende ansiedeln zu können, so groß sei, daß der Staat vor keinerlei Opfern zurückschrecken dürfe, um das zu erreichen; nur die Versprechung des Senatskommissars, an anderen den Hafen benachbarten Gebieten vor allem jenem Gebiet des Bau-Vereins an der Harburger-Chaussee, sowie dem Gelände in der Neustadt an der Martin Luther-Straße, eine gleiche Anzahl von Kleinwohnungen zu erzielen, erreichte eine bedingte Form dieser Forderung: „nur wenn dieses vorgenannte Gebiet für kleine Wohnungen wirklich gesichert ist, darf ein Drittel des Abbruchgebietes des Altstadt auch anders bebaut werden, als mit kleinen Wohnungen in den Obergeschossen. Über dieses Drittel darf nur in der Weise verfügt werden, daß der Grund nach höchstens 100 Jahren an den Staat zurückfällt. Die Bürgerschaft spricht ferner den Wunsch aus, daß möglichst auch über den übrigen Teil des Grund und Bodens nur in gleicher Weise verfügt und daß die Bauplätze nur so groß bemessen werden, daß auch kleineren Kapitalisten der Erwerb möglich ist." (Bericht des bürgerschaftlichen Ausschusses vom Mai 1912.)

Diese Erörterungen sind nur deshalb so ausführlich dargestellt, weil sie zeigen, wie sich unmittelbar vor dem großen Einschnitt des Kriegsausbruchs in der Hamburger Wohnungspolitik zwei Grundsätze durchzusetzen beginnen: der Grundsatz, daß der Staat auch mit Opfern eine sozial als notwendig erkannte Kleinwohnungspolitik durchführen muß und der Grundsatz, daß er in solchem Falle seinen Grund und Boden in der Gewalt behalten soll, teils zur Erleichterung nützlicher Bauabsichten, teils zum Besten des eigenen Besitzstandes. Das sind zwei wichtige Gesichtspunkte, bis zu denen man sich auf den vielverschlungenen und unsicher begonnenen Entwicklungspfad, der durch die Wohnungspolitik der Umgestaltung von Hamburgs altem Kern führt, allmählich durchgerungen hat.

Wenn nach dem Erstarren alles wirtschaftlichen Lebens die Arbeit auf dem Trümmerfeld dieses unterbrochenen Sanierungswerkes wieder mit neuer Kraft in Angriff genommen wird, werden diese beiden Grundsätze sicherlich in noch weit stärkerem Maße für das Entstehende maßgebend werden, als es 1912 geltend gemacht wurde. Mögen auch die damals in Aussicht genommenen Ersatzgelände inzwischen dem Kleinwohnungsbau in einwandfreier Weise zugeführt sein, so wird wahrscheinlich doch die Überzeugung vorherrschen, daß es kaum möglich ist, in diesem Hafengebiet ohne ein lebendiges Kleingewerbe, das mit seinen Wohnungen in Verbindung steht, auszukommen. Ein Wettbewerb, den der Staat während der Kriegszeit halb zur Beschäftigung der Privatarchitekten, halb zu seiner eigenen Information für eine theoretische Bebauung dieses Gebietes ausschrieb, erwies auch, daß die meisten Architekten in den Nebenstraßen des Gebietes mit Kleinwohnungen rechneten. Im freien Spiel der Kräfte werden sie wohl nie entstehen, aber vielleicht wird der

Staat sie in Verbindung mit „Industriehöfen", in denen die Einrichtungen für Kleingewerbe systematisch zusammengefaßt werden, ohne allzu große Opfer in die Welt setzen können. Eine entsprechende Ausgestaltung des Bebauungsplanes durch Aufschließungsstraßen oder Wohnhöfe großen Stils ist dafür Vorbedingung.

So darf man hoffen, daß die einstige bauliche Durchführung dieses vom Schicksal so jäh durchrissenen Unternehmens die Ziele der Richtung besiegeln wird, nach der sich Hamburgs Wohnungspolitik in jenen alten Bezirken zwar tastend aber doch mit unhemmbarer Deutlichkeit entwickelt hat: einer gesicherten staatlichen Durchführung der Kleinwohnungserfordernisse, einer einheitlichen staatlichen Bodenpolitik und endlich einer einheitlichen architektonischen Durchbildung, die in der Mönckebergstraße zwar schon eingeleitet wurde, aber mangels der nötigen Machtbefugnisse doch beispielsweise vor der Forderung eines einheitlichen Materials Halt machen mußte.

Erst auf dem Boden dieser drei Errungenschaften, die 1912 bereits am Horizonte auftauchten, läßt sich im Rahmen der Großstadt eine Umgestaltung durchführen, die zugleich soziale Ziele wirklich erreicht, wirtschaftliche Grundlagen für die Bodenbesitzverhältnisse der Allgemeinheit schafft, und harmonische bauliche Gestaltungen aus der Unruhe unserer Tage wieder hervorwachsen läßt.

II. Die Neugestaltung der werdenden Stadt.

Mit der hundertjährigen Umgestaltung der alten Stadt, die wir in großen Zügen im vorstehenden skizziert haben, geht nun in den letzten fünfzig Jahren eine Neugestaltung parallel, die sich in den Außenbezirken rings um die alte Stadt herum vollzieht. Die alte Stadt strahlt gleichsam nach allen Seiten hin mit jungen Trieben aus.

Für diese Neugestaltung legte der große Brand ebenfalls erst den entscheidenden Grund. Das geschah nicht aus wohnungspolitischen Absichten, sondern es ergab sich gleichsam ungewollt aus ingenieurtechnischen Verkehrs-Maßnahmen, die ganz bestimmte, völlig anders geartete Ziele verfolgten. Es handelte sich um die Schaffung einer wirtschaftlich immer notwendiger werdenden Einrichtung des Wasserverkehrs: einer schiffbaren Verbindung zwischen Elbe und Alster. — Bis zum Jahre 1842 waren die beiden Wasser an der Stelle des heutigen Reesendammes, — wie der alte Name schon sagt, — durch einen festen Damm von einander getrennt. Das hatte seinen guten Grund, denn auf diesem Damme saß der Müller Reese und staute mit ihm das Wasser der Alster, um mit dessen Ablauf seine Kunstmühle zu treiben, die den Hamburgern ihr Mehl lieferte. Man sah jetzt ein, daß es noch wichtiger als die Förderung dieser nützlichen Betätigung war, den durchgehenden Verkehr auf den beiden Wasserflächen zu ermöglichen. So ersetzte man denn den Damm etwas weiter elbwärts durch die Schleuse an der jetzigen Schleusenbrücke, die künstliche Stauung wurde zwecklos und der bisher im Winter auf 7,45 m aufgestaute Wasserspiegel[1]) sank um etwa 85 cm auf seinen jetzigen Stand von 6,60. Die Hauptsache aber war, er wurde konstant. Dadurch wurde das weite Gebiet von Uhlenhorst und Harvestehude, das bisher angesichts der periodischen Überschwemmungen so gut wie unbebaubar gewesen war, zu bebauungsfähigem Land und das eigentliche Festland des heutigen Ham-

---

[1]) Vergl. Faulwasser, Der große Brand. Verlag Otto Meißner.

burg erhielt jetzt erst entscheidende Gestalt. Es ist in seinen charakteristischen Teilen als Bauland nicht viel älter als ein halbes Jahrhundert.

Wenn trotzdem die Besiedelung des außerhalb der früheren Festungswälle belegenen Gebiets, besonders nach dem Norden zu, nur sehr zögenrd einsetzte und da wo es geschah, zunächst vorwiegend ganz den Kleinstadt-Charakter behielt, so hatte das seinen Grund in dem Umstand, daß bis zum Jahre 1860 die Torsperre beibehalten wurde. Dadurch wurde eine unsichtbare Mauer noch ein halbes Jahrhundert lang nach Beseitigung der sichtbaren um die Stadt aufrechterhalten.

Als diese zweite Mauer fiel, begann es sich überall zu regen und was zu Tage trat als nun die Großstadtphantasie sich ungehemmt durch irgendwelche Beschränkungen dieser jungfräulichen Landhaus- und Kleinstadt-Bezirke bemächtigte, war nicht gerade erfreulich. Man sah bald ein, daß man dringend Methoden gebrauchte um das wilde Wuchern zu systematischem Entwickeln zu bringen.

Der Mann, der in dieser Beziehung die Forderungen der Zeit erstaunlich früh mit besonderer Klarheit erkannte, ist heute völlig vergessen worden. Es ist der Architekt C. F. Reichardt, der in einer Reihe temperamentvoll geschriebener Schriften bald anregend, bald warnend das Programm einer Großstadt entwickelte, das uns heute noch im wesentlichen zeitgemäß erscheint. Schon im Jahre 1854 gibt er in einer Broschüre „Freie Phantasien über Hamburgs bauliche Ausdehnung und äußere Verschönerung", alle Grundlinien einer vernünftigen Städtebaupolitik: er fordert einen Generalplan, — eine systematische Teilung von Wohnstadt und Industriestadt, eine weitausschauende Grünpolitik. Nicht minder bewegen ihn die Fragen des Baupolizeigesetzes. Und wenn man in sein nachgelassenes ungedrucktes Hauptwerk blickt, so findet man da so treffende Worte über die Entwickelung des Etagenhauses, daß sie auch heute nicht verändert zu werden brauchten. Diesen treuen Mahner hat Hamburg leider viel zu wenig gehört, augenscheinlich glaubte man seinem sorgenvollen Weitblick nicht, ja, man verstand die Gesichtspunkte des G e s t a l t e n s, — die A r c h i t e k t e n - Gesichtspunkte, gar nicht. Man ließ sich Zeit, und, als man mit der Arbeit begann, überließ man sie allein dem Ingenieur. Diese Verständnislosigkeit für Architekten-Gesichtspunkte drückt 40 Jahre lang der Neuentwickelung Hamburgs, den entscheidenden Stempel auf. Sie würde uns im Anfang der Bewegung gar nicht auffallen, denn da herrscht sie zu jener Zeit überall in Deutschland, — wenn hier nicht die eindringliche Stimme Reichardts ertönte, die man eigentlich hätte hören müssen und hätte hören können. Da dieser u n g e w ö h n l i c h e Einfluß keinen

Boden gewann, setzt in Hamburg eine Entwickelung ein, die für den gewöhnlichen Durchschnittszustand jener Zeit charakteristisch ist.

A. Die „Vororte" des Jahres 1872.

Die erste entscheidende Tat für die Neugestaltung Hamburgs bestand darin, daß man 1872 das im Jahre 1865 endlich erkämpfte Baupolizeigesetz auch auf die „Vororte" ausdehnte. Wenn man in diesem Zusammenhange von „Vororten" Hamburgs spricht, so kann man den Begriff nur datieren.

Die „Vororte", von denen wir heute auch im Gesetz sprechen, sind Gebiete, die 1913 eingemeindet wurden, sie bezeichnen naturgemäß etwas ganz anderes wie die „Vororte" des Jahres 1872. Aber nicht nur das, auch zu jener Zeit wird noch ein weiterer Unterschied gemacht, der dem flüchtigen Betrachter leicht entgeht: Außer der Kernstadt, die neben der „Altstadt", den leicht irreführenden Begriff der „Neustadt" aufweist, gibt es „Vorstädte", nämlich St. Pauli und St. Georg. Für diese galt bereits das aus feuerpolizeilichen Sorgen geborene Gesetz vom 3. Juli 1865; — jetzt erfaßte es auch die „Vororte".[1]) Hier entstand eine große neue Stadt, von einer gewissen Einheitlichkeit des Typus, ein Gebilde, das seinem Wesen nach etwas Neues ist in der Geschichte des baulichen Werdens, — nämlich ein Gebilde, das nicht aus sich selbst die Gesetze seines Seins entwickelte, sondern das sich aufbaute nach allgemeinen vorher festgelegten Gesetzen.

Ich habe schon angedeutet, daß man sich dieser verantwortungsreichen Lage durchaus nicht bewußt war. Man glaubte mit den Gesetzen, die man gab, nur Grenzen zu stecken, Grenzen hart an der Schwelle der baulichen Entartung. Unterhalb dieser Grenzen sollten tausend lebendige Möglichkeiten bleiben. In Wahrheit brachte es der wirtschaftliche Kampf um den Grund und Boden mit sich, daß man Typen schuf, die eine unveränderbare Form gaben, — eine Form hart an der Schwelle der baulichen Entartung.

Aus dieser Erkenntnis ergibt sich zwingend, daß die Stadt, die so entstand, — die erste Phase dessen, was wir „Großstadt" nennen, — trotz alles späteren Bemühens im tiefsten Grunde nur zu einer Katastrophe werden konnte.

Wollte man diese neue Stadt bewußt nach festgelegten Grundsätzen aufbauen, so hätte man diese Grundsätze entwickeln müssen und auch entwickeln können ganz unabhängig von den Wohnformen, die sich in der Kernstadt aus veralteten Verhältnissen,

---

[1]) Das heißt, das gewaltige Gebiet von Rothenbaum, Eimsbüttel, Harvestehude, Eppendorf, Winterhude, Barmbeck, Uhlenhorst, Eilbeck, Hohenfelde, Borgfelde, Hamm, Horn und Billwärder Ausschlag.

Umformungen, und Kompromissen unvermeidlicher Weise schließlich nur herausbilden konnten. — Das tat man nicht. Ohne es recht zu wissen, nahm man die Form, die sich für die Kernstadt aus tausend Zwängen ergab und machte sie zur Typus-Form, aus der die neue Schöpfung der Zonenstadt gegossen wurde. Die neue Stadt erwuchs ohne weiteres nach dem Bilde der geflickten alten, — die Phantasie raffte sich nicht auf zur Befreiung von ihren übermächtigen Eindrücken, sie konnte sich nur eine mechanisierte Altstadt vorstellen. — Es ist der Fluch dieser zweiten Zone der modernen Großstadt, — nicht nur in Hamburg, sondern überall in Deutschland, — daß die Schatten der modernisierten Altstadtzone schwer und dunkel auf ihr lagen.

So wird der eine zeugende Faktor für die Wohnungspolitik der neu entstehenden Stadt das für die Bedürfnisse der alten Stadt entwickelte Baupolizeigesetz. Es hatte sich vor allem mit der für die alte Stadt charakteristischen Form des „Wohnhofes" beschäftigt. Für ihn waren gewisse Grenzen aufgestellt (bei 3,50 m Breite des Hofes 3 Stockwerke, — bei 5,75 m Breite 4 Stockwerke, die Zugänge 2,30 m breit und 2,80 m hoch). Überall wo Wohnhöfe zugelassen waren, z. B. in den ganzen „Vorstädten", erwuchs aus diesen Normen der Kleinwohnungs-Typus der neuen Stadt. Es entstanden jene grätenartig von der eigentlichen Straße abzweigenden, engen Sackgassen, die man „Terrassen" nannte, eng nebeneinander den ganzen Block füllend, denn Vorschriften über Freiflächen zwischen den Gebäuden gab es nicht.

Das Ergebnis setzte in Schrecken und man begann am kranken Leib zu doktern. 1882 kam ein neues Baupolizeigesetz zustande, das die Maße der Wohnhöfe erhöhte, dessen wesentlichste Neuerung aber darin bestand, daß es ein Schema aufstellte für die Forderungen an Licht und Luftzuführung für Räume zum dauernden Aufenthalt für Menschen. Der freie Raum vor jeder Fensterwand wurde logischer Weise auf die Höhe der Wand bezogen: ein Drittel in der inneren Stadt und den Vorstädten, zwei Drittel in den Vororten. Die größte Fronthöhe, die 24 m nie übersteigen kann, durfte in den Vororten nur gleich der Straßenbreite genommen werden.

Diese Bestimmungen klingen in ihrer Art ganz vernünftig und man fragt sich, weshalb mit ihnen nicht die schlimmen Erscheinungen verhindert werden konnten, die doch in Wahrheit überall entstanden sind. Wer das Baugesetz durchblättert, kann über den Grund dafür leicht hinwegsehen, er liegt in einer kleinen harmlos erscheinenden Ausnahmebestimmung. Nachdem die trefflichen Forderungen für ein einwandfreies Vorhandensein von Licht und Luft im § 36 der Bauordnung von 1882 festgelegt sind, heißt es in § 37: „Fenster in Küchen, ... sowie Fenster solcher Räume, welche eine lichte Höhe von mindestens 3,50 m haben und hinsichtlich welcher, sei es durch Verbindung desselben mit anderen vorschriftsmäßig erleuchteten Räumen oder durch andere Vorkehrungen für genügenden Zutritt von Licht und Luft gesorgt ist, unterliegen den Vorschriften von § 36 nur insofern, als sie zum Öffnen eingerichtet sein müssen." Und in der Novelle vom 28. April 1893 wird diese so ziemlich alle Unternehmergelüste mit dem Mantel des Gesetzes deckende „Ausnahme" in die etwas zurückhaltendere aber in Wahrheit nicht weniger kautschuckartige Fassung umgeknetet: „Von der Erfüllung der Vorschriften des § 36 kann die Baupolizei für einzelne Räume einer Wohnung bei sonst genügendem Zutritt von Licht und Luft zu diesen Räumen, dann absehen, wenn — (und nun kommt eine ganz merkwürdige Bedingung) — bezüglich der übrigen Räume der Wohnung den Anforderungen des § 36 genügt wird." — Ja, — gibt es denn auch Fälle, — wo diesen Anforderungen in den Räumen, die nicht Ausnahmen sind, —auch nicht genügt wird? — Mit diesem Paragraphen, der ein Denkmal wohnungspolitischer Schwäche genannt werden kann, ist das Wohnungs-Unglück der neuen „Großstadt Hamburg" besiegelt. Er ermöglicht den berüchtigten Hamburger „Schlitzbau".

Das Neue der Novelle war, daß die Ausnahmen ins Ermessen der Baupolizei gelegt wurden. Im zweiten Ausschußbericht (Dez. 1914) zum Entwurf von 1911 für ein neues Baupolizeigesetz wird dazu gesagt (S. 151): „Natürlich stellte sich sehr bald heraus, daß eine derartig unbestimmte Vorschrift für die Praxis in hohem Grade unzweckmäßig war, und die Baupolizeibehörde sah sich deshalb bald genötigt, gewisse Grundsätze über die Form der Höfe und die Lage der von ihr als zulässig erachteten Aufenthaltsräume aufzustellen, um die ihr vorgelegten Baupläne nach einheitlichen Gesichtspunkten behandeln zu können. Diese Grundsätze, die amtlich nicht veröffentlicht worden sind, aber den meisten Architekten, die sich mit dem Entwurf von Etagenhäusern befaßten, durch die Praxis bekannt werden, erlangten schließlich eine gewisse gewohnheitsrechtliche Gültigkeit." Die „Ausnahme" wird zur Regel.

So werden die Schlitzhöfe zu einer festen amtlich beglaubigten Form, — der maßgebenden Form für die Hamburger Wohnhausgestaltung. 1899 werden sie als „Nebenhöfe" neben dem Haupthof gesetzlich anerkannt und bestimmte Verhältnisse von Tiefe zu Breite für sie vorgeschrieben. Es gibt vielleicht keinen zweiten so drastischen Fall dafür, wie ein Gesetz ein prächtiges wohnungspolitisches Prinzip aufstellen und sich mit dem Bewußtsein dieses tugendhaften Prinzips völlig darüber hinwegtrösten kann, daß eine kleine Ausnahmebestimmung es in der Praxis in sein Gegenteil umformt.

Denn der Hamburger Etagenhaus-Grundriß, der sich daraus entwickelt, führt bei kleinen Wohnungen unfehlbar zu jenen undurchlüftbaren und mangelhaft belichteten Gebilden, die man „Dreispänner" und „Vierspänner" genannt hat. Das heißt: um ein luft- und lichtloses eingebautes Mitteltreppenhaus legen sich drei oder vier Kleinwohnungen. Das ist im Grundriß nur möglich, weil die Küchen und je ein Wohnzimmer an einem Hofschlitz gestattet sind, der in vier Meter Breite vom eigentlichen Haupthof abzweigt. Bei einem „Vierspänner" haben dadurch zwei Wohnungen keine Querlüftung und es entsteht jene unorganische und architektonisch ungestaltbare Baumasse, die Hinterhoffassaden solcher Bauten jedem fühlenden Beschauer so trostlos aufs Gemüt fallen lassen.

Bei der neuesten Fassung des Baugesetzes, die am 19. Juli 1918 nach vieljährigen Verhandlungen zum Abschluß kam, hat man nicht den Mut gehabt, mit dieser Erbschaft aus früheren Tagen ein reinliches Ende zu machen, so daß dieses Gesetz, das in vielen Dingen musterhafte Neuerungen einführt, noch immer mit einem § 64 belastet ist, der nur fordert, daß die „Mehrzahl" der Aufenthaltsräume, ja bei dem wichtigsten Fall, der 3-Zimmerwohnung mit Küche, die Hälfte dieser Räume an der Straße oder dem Haupthof liegt, während für die übrigen noch immer jene 4 m breiten Schlitzhöfe erlaubt sind, die nur nach einer bestimmten geometrischen Regel in gewissen Abmessungsverhältnissen gehalten werden.

In leidenschaftlicher Weise wurde besonders vom Verein „Heimatschutz" beim bürgerschaftlichen Ausschuß, der das Gesetz seit dem Jahre 1911 beriet, die Forderung der Streichung dieser Ausnahmebestimmungen gefordert[1]), aber man entschloß sich nicht dazu. Das würde ganz unbegreiflich sein, wenn man sich nicht klar macht, daß in der Tat die Sachlage nicht mehr ganz einfach war, nachdem die halbe Stadt bereits nach dem System dieser Ausnahmen dastand und die bestehenden Bebauungspläne zum größten Teil infolge Ausführung der maßgebenden Straßen nicht mehr wesentlich veränderbar waren. Beseitigt man nämlich diese Ausnahmeräume, so daß alle Fenster nur noch an der Straße oder an Haupthöfen liegen können, so bleiben nur zwei Bautypen übrig. Der eine ist die Berliner Form des umbauten Hofes, der allen Grundstücksgrenzen seine hohen fensterlosen Kommunmauern zukehrt. Denkt man ihn plötzlich

[1]) Vergl. Eingabe des Vereins „Heimatschutz" abgedruckt in „Hamburgische Zeitschrift für Heimatkultur" 1916. Dezember-Heft.

auftauchen auf den unbebauten Teilen der vielen Blöcke, die im übrigen die Schlitzbauweise zeigen, so ist das ein ganz fürchterlicher Gedanke; dies System ist nur erträglich, wenn es sich in einem ganzen Block Hof an Hof die Mauern gegenseitig deckend reiht. Aber auch dann ist der Vorzug dieses Systems zweifelhaft, denn es ergibt im Innern der Blöcke statt der großen zusammenhängenden Luftmassen des Hamburger Bausystems lauter vereinzelt abgeschlossene Luftzellen der kleinen Höfe. Der andere Bautypus, der möglich bleibt, ist der schmale Baukörper, der nur an zwei parallel liegenden Wänden Fenster zeigt, das einfachste und gesundeste Bausystem, aber ein System das eingefügt in Baublöcke die auf Hinterflügel zugeschnitten sind, natürlich wirtschaftlich nicht stand hält. Es setzt, um wirtschaftlich zu sein, Blöcke voraus, die auf sein Wesen zugeschnitten sind, und die lassen sich nachträglich meistens nicht mehr erreichen. Diese Überlegungen schreckten davon ab, durch eine Änderung des Gesetzes plötzlich das ganze große Gebiet, das bereits in baulicher Entwicklung stand und für das schon unverrückbare Bebauungspläne festliegen, vor die Alternative dieses unwirtschaftlichen oder jenes als fremder Gast unerträglichen Berliner Typus zu stellen. Das läßt sich nachempfinden, obgleich das Kapitel dieser Frage damit, wie wir später sehen werden, durchaus nicht etwa abgeschlossen ist, — diese Gründe aber verlieren ihre Schlagkraft, wo es sich um Gelände handelt, für das noch keine Bebauungspläne festliegen. Merkwürdigerweise schreckte der Ausschuß auch vor der Regelung dieses zweiten Kapitels zurück. Er verwies darauf, daß der Staat noch andere Mittel habe, um hier einzugreifen: Baubeschränkungen auf eigenem Gelände, — Auflagen bei Genehmigungsbescheiden, — hintere und seitliche Baulinien bei neuen Bebauungsplänen. Das ist ganz richtig, und doch ist es seltsam, daß man den Staat auffordert, sich gegen die Gefahren, die er selbst mit einem Gesetz heraufbeschwört, durch allerhand Abwehrmittel zu wappnen, die ihm andere gesetzliche Rechte geben. Vielleicht wird diese ungewöhnliche Wendung das Gute mit sich bringen, daß sie die Bebauungspläne noch schärfer auf ihre soziale Eignung kontrollieren lehrt, als das gemeinhin im Vertrauen auf die Rückendeckung eines guten Gesetzes geschieht. Wir werden später darauf zurückkommen, wie die neueren Bebauungsplan-Entwürfe in dieser Hinsicht aufgezogen werden.

Aber wir sind in der Betrachtung dieses Kernpunktes der technischen Seite in der Hamburger Wohnungspolitik weit bis in die Gegenwart vorausgeeilt. Wir konnten das deshalb tun, weil wie wir sahen, das Wesen dessen noch heute unverändert ist, was damals zum ersten Male in seiner maßgebenden Bedeutsamkeit hervorzutreten begann.

Wir haben diese baulichen Ergebnisse, die für die werdende neue Stadt bestimmend wurden, stillschweigend so dargestellt, als ob sie ein unentrinnbares Schicksal seien, sobald eine Bauordnung sie irgendwo und irgendwie zuläßt. Dies ist genauer besehen eine unvollständige Art der Betrachtung. Es wäre sehr falsch irgendeiner Bauordnung, mag man sie gut oder mangelhaft finden, die alleinige Verantwortung für das unter ihrer Herrschaft Entstehende auferlegen zu wollen. In Wahrheit sind es zwei Kräfte, die beim Entstehen zusammenwirken: die abstrakt über dem Ganzen schwebenden Bestimmungen der Baupolizei werden ergänzt, ja eigentlich erst ausgelöst durch die konkret das Einzelne anpackenden Bestimmungen des Bebauungsplanes. Die bildenden Kräfte des Wortes, werden ergänzt durch die bildenden Kräfte des Strichs. Neben die begriffliche tritt die graphische Art der Bestimmung. Die eine oder die andere Sprache am rechten Ort ertönen zu lassen, sie richtig gegeneinander abzuwägen ist eine Kunst, die Vorbedingung ist zur fruchtbaren städtebaulichen Arbeit. Beide erst in ihrem Zusammenwirken ergeben den zeugenden Akt, der das Gebilde der Großstadt entstehen läßt. Wenn sie ineinandergreifen, wie sichs gehört, so muß sich ein wichtiger Teil der Gesichtspunkte und Maßnahmen des Bebauungsplanes entwickeln im Hinblick auf die Gegebenheiten der Bauordnung. Ein Geist, der ihre Wirkungen vorausschaut, muß diese Wirkungen durch die dem Bebauungsplan gegebenen Mittel unterstreichen oder eindämmen oder aufheben.

Mit einem Wort, ein richtiger Bebauungsplan muß die verhindernden Absichten der Bauordnung erst vollkommen machen, denn das Wort vermag diese Vollkommenheit für den einzelnen konkreten Fall vielfach nicht zu erreichen. Aber wehe, wenn er nur das tut, — wehe, wenn er neben dieser negativen Wirkung nicht zugleich schöpferisch wirkt: das Negative schattierend, das Positive hervorlockend. Bestimmungen sind nicht nur da, Schädliches zu verhindern, sie müssen auch gebraucht werden, Wünschenswertes zu verlangen.

Diese schöpferische Seite aber bezieht sich nicht etwa nur auf die Anlagen des Staates, als welche Straßen, Kanäle, Grünanlagen u. dgl. vor allem hervortreten, sie bezieht sich auf Alles, — auch auf das, was in scheinbarer Freiheit seitens der privaten Bautätigkeit durchgeführt wird.

In dieser letzten Forderung liegt die Schwierigkeit städtebaulichen Tuns. Es ist leicht, die Absichten des Staates mit positiven Befehlen zu lenken, und für die Absichten der Bürger nur negative Befehle zu haben; es ist leicht, das vorzuschreiben, was für diese öffentlichen Anlagen als wünschenswert erscheint und sich nicht weiter viel zu fragen, wie diese Vorschriften auf das private Gestalten indirekt oder direkt einwirken. Diese Einwirkung ist immer vorhanden. Sie wurde anfangs völlig übersehen. Sie richtig zu sehen, ist eine der wichtigsten Forderungen bei städtebaulicher Arbeit. Man kann dieser Forderung nicht gerecht werden ohne die Gabe gestaltenden baulichen Schauens, ohne eine vorausblickende schöpferische Phantasie, ohne eine Vereinigung lebendiger sozialer und wirtschaftlicher Vorstellungen.

Erst in dem Bebauungsplan, der neben den Maßnahmen des Staates, die Maßnahmen des Bürgers schöpferisch bewußt beeinflußt, beginnt Wohnungspolitik lebendig zu werden.

Das Schicksal dieser ersten Entwicklungsphase der Großstadt, unter der wir heute leiden, liegt nicht nur begründet in unausgereiften Bedingungen der Bauordnung, mehr noch liegt es begründet in der Tatsache, daß diese Entwicklungsphase gelenkt wurde durch Bebauungspläne, die noch nicht zu diesem schöpferischen wohnungspolitischen Wesen durchgedrungen waren.

Auch in Hamburg hätte theoretisch betrachtet die unheilvolle Einwirkung der Baupolizeibestimmungen durch Mittel des Bebauungsplanes aufgehoben werden können und insofern, als der Bebauungsplan diese theoretische Möglichkeit als letzte Instanz besitzt, trifft ihn schließlich die Verantwortung für das, was entsteht; maßgebend ist letzten Endes die Art, wie er diese Möglichkeit ausnutzt.

Es ist charakteristisch für diese Entwicklungsphase des deutschen Städtebaues, daß sie ganz allgemein nicht ausgenutzt wird.

Nachdem Hamburg 1872 das Baupolizeigesetz für die Vororte hatte in Kraft treten lassen, ergab sich schnell die Notwendigkeit einer Ergänzung durch Bebauungspläne. Das war aus mancherlei Gründen nötig und die Art, wie diese Pläne aufgezogen sind, zeigt deutlich, welche Gründe dabei bewußt erkannt waren.

Als erster tritt hervor, die Einteilung der ganzen Stadt in drei Bezirke, durch welche die Verteilung der gewerblichen Anlagen geregelt wird. In den Vororten hatte man die unliebsamsten Erfahrungen durch plötzlich auftretende störende Betriebe gemacht und so verfolgt man nach dieser Richtung eine sehr energische Wohnungspolitik. Der grüne Bezirk, der alle Fabriken oder irgendwie störenden Geschäftsbetriebe verbietet, beherrscht von der Außenalster an mit verhältnismaßig geringen Ausnahmen in Eimsbüttel, Eppendorf, Eilbeck und vor allem Barmbeck den ganzen gewaltigen nördlichen Teil des Hamburger Besitzes. Auch innerhalb dieser Ausnahmen (gelber Bezirk) sind die unter § 16 der Gewerbeordnung fallenden Betriebe verboten. Im ganzen erhält man den Eindruck einer Gewerbe- und Industrie-feindlichen Politik, die nicht genügend wettgemacht wird durch entsprechend fördernde Gegenmaßnahmen zu Gunsten der Industrie in den Elbebezirken, die natürlich für ihre Aufnahme in erster Linie in Betracht kommen. Dies Verbieten in Bausch und Bogen ist eine etwas gefährliche Lösung; die allzu erschwerte örtliche Gewerbeentwickelung kann die Besiedelung entfernterer Vorortzonen sehr empfindlich verkümmern lassen.

Das Zweite ist ein lebhaft gegliedertes Verkehrsnetz. Es knüpft an die gegebenen Straßenzüge an und schafft große und kleine Zusammenhänge zwischen ihnen. Man merkt, daß es unter dem Eindruck der Erfahrungen aus der inneren Stadt entstanden ist, die eindringlich mahnten, daß man die Verkehrsanforderungen nicht unterschätzen darf. Diese Erfahrung wird aber nicht nur auf die großen radialen Ausfallstraßen und die Ringverbindungen, sondern ziemlich allgemein auf alle Straßenzüge angewandt; es sieht so aus, als hätte man sich gesagt: wer weiß was noch einmal passieren kann. Dieser Eindruck wird noch dadurch verstärkt, daß den breiten Straßen in der Regel auch noch breite vordere Baulinienstreifen auferlegt werden. Der Unterschied zwischen Geschäftsstraßen, deren Lädenentwicklung eigentlich keine Baulinien zuläßt, und Wohnstraßen, die Vorgärten gebrauchen können, wird nicht gemacht. Deshalb macht die Straßenpolitik den Eindruck großer Vorsicht und einer gewissen Unentschlossenheit, aber man merkt, wie ihre Interessen alles andere beherrschen. — Neben den Fahrstraßen wird ein Netz von Wasserstraßen ausgebildet, dessen Anlage als rühmliche Bosonderheit Hamburgs hervorgehoben werden muß. Es entsteht aus der Überlegung, den Güterverkehr und den Erholungsverkehr möglichst zu trennen, ein Gesichtspunkt, der für Hamburgs Wohnpolitik soweit sie die wohlhabenden Klassen betrifft, von beträchtlicher Wichtigkeit ist, denn der Zusammenhang mit dem Wasser spielt hier eine große und erfreuliche Rolle.

Ist man in dieser Wasserstraßenpolitik von vornherein sehr zielbewußt, so fehlt zunächst ganz eine Verkehrspolitik des Schienenweges. Die großen Bahnzusammenhänge, sowohl die der Straßenbahnen, wie die der eigene Wege verfolgenden „Hochbahnen" werden im allgemeinen erst später den fertigen Plänen eingefügt. Das ist historisch verständlich, trägt aber zum Eindruck des unorganischen Wesens dieser Großstadtphase wesentlich mit bei: der Bahnlauf nimmt auf die Wohnungsabsichten, die er berührt, keine Rücksicht und die architektonische Ausgestaltung seiner Umgebung nimmt auf die so wichtigen Eindrücke der Bahninsassen keine Rücksicht. Kein Straßenbild spielt eine größere

Rolle, als das Umgebungsbild des Bahnkörpers. Und wie sieht es aus!

Neben diesem Verkehrsnetz tritt in den Bebauungsplänen dieser Zone als drittes hervor: ein System, nach dem die Höhenentwickelung der Bauten in bestimmten Zonen gestaffelt wird. Die Bauordnung kann nur die Höchstgrenze vorschreiben: Bauhöhe gleich Straßenbreite, (Maximum 24 m). Man könnte also durch die Straßenbreiten die Bauhöhen im Zaume halten; man macht es umgekehrt, man bestimmt die Höhen, d. h. die Stockwerkszahl und bemißt danach mit reichlichem Zuschlag die Straßenbreite. Daß sinngemäß der Bauabstand, also Straßenbreite plus Baulinientiefen das Maßgebende ist, sei nur nebenbei erwähnt. Diese Höhenstaffelung unterscheidet drei Klassen: eine erste ohne weitere Beschränkung, als sie das Baupolizeigesetz gibt (weiß), eine zweite mit nicht mehr als drei (gelb) und eine dritte mit nicht mehr als zwei Obergeschossen (blau). Variationen dieser Klassen ergeben sich je nachdem, ob Wohnhöfe erlaubt sind oder nicht. Diese Staffelungen beziehen sich nur auf Etagenhäuser, — ihnen steht als grundsätzlicher Gegensatz eine Klasse gegenüber, die Etagenhäuser ausschließt (violett).

Mit diesen Grundbestimmungen ließe sich ganz ähnlich wie mit den Luftraum-Bestimmungen des Baupolizeigesetzes ganz leidlich arbeiten, wenn nicht, ebenso wie bei diesen, gewisse Nebenbestimmungen ihren reinlichen Sinn untergrüben. Wenn der Beschauer beispielsweise die blaue Farbe in einem Hamburger Bebauungsplane sieht und glaubt hier eine Gegend vorzufinden, wo nur zwei Obergeschosse gebaut werden können, wird er sehr erstaunt sein, hier doch drei vorzufinden. Der Sinn der Klasse wird dadurch gebrochen, daß man erlaubt hat, statt eines sogenannten „Wohnkellers" ein Geschoß mehr zu bauen. Oder wenn man nach dem Plane glaubt eine landschaftlich bevorzugte Gegend etwa um ein Wasserbecken herum, sei durch die violette Farbe der Einzelhausbebauung vorbehalten und dadurch in ihrem Typus gesichert, wird man mit Erstaunen zwischen Villen dreigeschossige Reihenhäuser vorfinden, die von mehreren Parteien bewohnt werden. Wenn der Beschauer dies Rätsel erklärt wissen will, wird man ihm in der Definition des „Etagenhauses", das hier verboten ist, das eigentliche Rätsel erst aufgeben. „Etagenhäuser" sind nämlich in Hamburg nur „Gebäude, welche abgesehen vom Keller mehr als zwei übereinanderliegende getrennte Familienwohnungen enthalten". Ein von 4 Parteien bewohntes Reihenhaus wird also nicht Etagenhaus, sondern Einzelhaus benannt und es war bis 1913 in Hamburg theoretisch die Möglichkeit durchaus vorhanden, da, wo „Etagenhäuser" verboten sind, fünfgeschossige Gebäude zu errichten, wenn sie keinen Wohnzwecken dienten, oder wenn man ihr Erdgeschoß zu Läden verwandte und dann zweimal Einzelwohnungen darüber entstehen ließ, deren Räume in je zwei Geschossen verteilt waren. Erst 1913 wurde eine Geschoßbeschränkung in den Begriff aufgenommen.[1]) So täuscht es sehr, wenn man die violette Bezeichnung als Einzelhausbebauung im Hamburger Bebauungsplan ernst nimmt; man stellt sich nach meiner Erfahrung meist etwas völlig Unzutreffendes vor, wenn theoretisch in Bebauungsplanfragen von dieser Klasse gesprochen wird. Wieder haben hier Kompromisse nach der Seite erhöhter Ausnutzung des Grund und Bodens den klaren Charakter der Grundbestimmungen verwischt und dadurch, sicher oft ganz ungewollt, den Typus der Großstadtbezirke verschlechtert.

Diese drei Gesichtspunkte: Gewerbe-Zulassung, — Verkehrszüge aller Art mit ihren Baulinien, — Staffelungen der baulichen Ausnutzung, — das sind die hauptsächlichsten die Wohnungspolitik beeinflussenden Gesichtspunkte, die von den Bebauungsplänen jener ersten großstädtischen Neugestaltung der Vororte von 1872 festgelegt wurden.

Was das wohnungspolitisch bedeutet, ergibt sich weniger aus der Art, wie diesen bewußt verfolgten Gesichtspunkten Rechnung getragen ist, als aus der Tatsache, welchen Gesichtspunkten nicht Rechnung getragen ist. Das sind alle Gesichtspunkte, die maßgebend sind für das Verhältnis des künftigen baulichen Gebildes zum Gebilde des Baublocks, der aus diesen Maßnahmen entsteht. Mit einer zielbewußten Beeinflussung dieses Verhältnisses beginnt aber eigentlich erst die Wohnungspolitik des Bebauungsplanes. Sie kann durch dreierlei geschehen: durch den Zuschnitt des Baublocks, der so berechnet sein kann, daß die Bestimmungen des Baupolizeigesetzes nur in erwünschter Weise zu wirken vermögen; — dann durch eine Grenzsetzung für die Tiefenentwicklung der Baumassen durch graphisch festgelegte oder aus Bestimmungen hervorgehende hintere Baulinien, wodurch man die unerwünschten unter den Wirkungen der baupolizeilichen Möglichkeiten aus-

---

[1]) Im Gesetz vom 3. Jan. 1913 heißt es:
Als Etagenhäuser gelten zu Wohnzwecken bestimmte Gebäude, wenn sie außer Keller und Dachgeschoß

a. mehr als drei Geschosse haben;
b. bei drei Geschossen mehr als zwei Wohnungen haben, oder bei dieser Geschoßzahl außer Räumen für andere Zwecke (Läden, Wirtschaften, Versammlungsräumen und dergleichen) mehr als eine Wohnung enthalten;
c. bei zwei Geschossen mehr als zwei Wohnungen in einem Geschosse haben;
d. mehr als eine Wohnung und eine größere Bautiefe als 25 m von den vorderen Baulinie ab haben.

schalten kann, — endlich durch Bestimmung des Verhältnisses der auf jeder Parzelle bebaubaren Fläche zu deren Gesamtgröße. Diese Mittel, sinnvoll mit einander in Beziehung gesetzt, ergeben erst das System, nach dem ein Bebauungsplan entwickelt werden kann, der von Gesichtspunkten einer gesunden Wohnentwickelung ausgeht.

Die Bebauungspläne dieser Entwicklungsepoche sind auf Gesichtspunkte solcher Art nicht zugeschnitten, sie gehen nicht aus vom Block, dem eigentlichen Ziel des Gestaltens, sondern von der Straße, die eigentlich nur Dienerin dieses Zieles ist. Zwischen den für zweckmäßig gehaltenen Straßenzügen bleibt als Block übrig, was eben übrig bleibt. Alle weiteren Maßnahmen an diesem Block, in Gestalt von Baulinien beziehen sich nur auf das Verhältnis des Bauwerks zur Straße, nicht auf das Verhältnis zum Block. Die Straße ist der maßgebende Gesichtspunkt. In den wenigen Fällen, wo hintere Baulinien auferlegt wurden, sind sie viel zu tief, um den Typus der Bauart zu beeinflussen. Dadurch kommt es, daß der Bebauungsplan außer für die Höhe kein ausgleichendes Gegengewicht schafft gegen das restlose Ausschöpfen der äußersten Möglichkeiten des Baupolizeigesetzes. Im Gegenteil er wirkt so, daß nur noch das weiteste Ausschöpfen dieser Möglichkeiten wirtschaftlich vernunftgemäß ist. Die breite und dadurch teure Straße und der große nicht auf seine wirtschaftliche Ausnutzung berechnete Baublock zwingen dazu, sowohl das Stück Straßenfront als auch die Tiefe des Grundstücks so stark auszunutzen wie irgend möglich, damit eine Rentabilität herauskommt. Beides ist gleichbedeutend mit einer restlosen Ausbeutung aller derjenigen Bestimmungen des Baupolizeigesetzes, die zu den bedenklichen Erscheinungen führen, von denen wir erst sprachen: die Stockwerkstürmung und die Entwicklung möglichst tiefer Hinterflügel, kurz eine Häufung der Menschen an den Rändern großer Blöcke. Daß man so zäh an den Paragraphen festhielt, die zu jenen typischen Bedenklichkeiten führen, obgleich man ihr Wesen längst erkannte, hat seinen letzten und tiefsten Grund darin, daß der Bebauungsplan ohne diese Mittel nicht mehr wirtschaftlich auszunutzen ist. Sowie der Bebauungsplan auf andere Typen in wirtschaftlicher Weise zugeschnitten ist, fallen jene verzerrten Gebilde von selbst in sich zusammen, sie sind für den Geschäftsmann nicht mehr nötig. Ein Bebauungsplan ist nur dann gelöst, wenn das für den Geschäftsmann Nötige zugleich das Gute ist.

So wurde durch ein Zusammenwirken von Bauordnung und Bebauungsplan das bauliche Schicksal jener werdenden Stadt unhemmbar in den Typus geleitet, den wir heute in dem Gebilde „Großstadt“ vor uns sehen. Sowie diese beiden Faktoren festlagen, gab es keine Freiheit mehr für die architektonische Entwicklung, — die Grundform des Wachstums war mechanisiert. Aber das machte man sich durchaus nicht klar, man lebte vielmehr in dem Wahn, daß die freie Kunst des Architekten, vorsichtig gezügelt durch weise Verordnungen, die neue Stadt zu gestalten vermöchte. In Wahrheit haben nicht die Architekten die moderne Großstadt gebaut, sondern die Gesetzgeber schufen eine Form, welche die Geschäftsleute ausgossen und so entstand sie wie ein Industrieprodukt. Der Architekt vermochte höchstens den unveränderlichen, wirtschaftlich festgelegten Grundgebilden äußerliche Zierformen aufzukleben. Dadurch verkümmerte diese architektonische Betätigung; auch sie wurde mechanisiert, denn das Wirtschaftsleben setzte völlig folgerichtig in diese mechanisierte Arbeit auch den mechanisierten Lenker herein: — an die Stelle der freischaffenden Architekten, trat der mechanisch aus den Zwängen von Verordnung und Wirtschaftlichkeit produzierende Unternehmer.

Aus diesen drei Kräften: der auf Verhindern zugeschnittenen Bauordnung, — dem einseitig auf Verkehr zugeschnittenen Bebauungsplan und dem auf Geschäft zugeschnittenen Bauunternehmertum ist die zweite Phase der modernen Großstadt als mechanisches Produkt entstanden. Kann man sich wundern, daß in ihr nicht gut wohnen ist? — Kann man sich wundern, daß ihr die Seele fehlt, die soziale und die künstlerische Seele? Daß Kunst nicht von selbst entsteht, sondern nur durch das Wirken künstlerischer Kräfte, ist wohl im allgemeinen immer klar gewesen, daß aber auch Harmonie nicht von selbst entsteht, sondern nur, wenn sie vorgeschaut ist, hat doch wohl der negative Beweis am Körper der werdenden Städte unserer Zeit erst der Allgemeinheit zum Bewußtsein gebracht. Dies Vorausschauen eines harmonischen Zusammenklingens ist aber nichts anderes als Kunst, ja man kann sagen, es ist die eigentliche Kunst des Städtebaues. Seine Hauptsache liegt nicht in besonderen Gedanken und Motiven, sondern in dieser Tätigkeit, deren Bedeutung und deren Schwierigkeit erst da ganz hervortritt, wo sie versagt. Kaum eine Stadt hat dafür vielleicht ein wirksameres Beispiel, als Hamburg in seiner Außenalster. Rings herum sind eifrig durchdachte Bebauungspläne entstanden und jetzt erst sieht man mit Schrecken, daß dabei auf die Wirkungen, die sie für die Zukunft des Alsterbildes bedeuten, keine Rücksicht genommen ist. Hinterhäuser von Miethausreihen blicken über die Villen hinweg von der Uhlenhorst her in das liebliche Bild, die kolossalen Massen der Etagenhäuser, die auf dem hoch liegenden Mittelweg entstehen, ragen über die Baumreihen des Harvestehuderweges herüber und vernichten die Illusion des „unendlichen Gartens“, von der die Stimmung der Außenalster lebt; — der reizende Kirchturm von St. Georg wird nur noch kurze Zeit im Alsterbilde sichtbar bleiben, dem er einen der größten Reize gibt. Die vorschauende Kraft, die aus mageren Plänen, die Massen sich entwickeln sieht und ihre Wirkungen fühlt, hat hier gefehlt und alle Versuche, das nachträglich wieder gut zu machen, sind gescheitert.

Daß diese Kraft fehlen mußte, wenn man im Bebauungsplan nur die technische Aufgabe sah, hat man erst sehr allmählich erkannt. Als der Architekt sich auf diesem Gebiete zu regen begann und gegenüber dem alleinherrschenden Ingenieur seine Rechte und Pflichten betonte, glaubte man zuerst nichts anderes, als daß er einige kleine Zutaten zum städtebaulich-technischem Gebilde hinzufügen wollte: hier eine besonders gestaltete Ecke, dort eine Betonung, höchstens einmal ein Platzgebilde. Das war überall in Deutschland so. Auch in Hamburg, wo ein glänzend entwickeltes Ingenieurwesen durch Jahrzehnte alles beherrscht hat, beschränkt sich die erste Form. in der man das Hochbauwesen an dies Gebiet heranließ, in leeren Äußerlichkeiten. Als sich der Vertreter des architektonischen Geistes nicht etwa damit begnügte, einige Ecken und Winkel, in gegebenen Straßenzusammenschnitten zurechtzuputzen, sondern als er in den Organismus der Gestaltung und das eigentliche Wesen der Blockbildung eingriff, gab es zunächst Verwirrung und Schwierigkeiten. Erst im Jahre 1914 wurden unzureichende Regelungen in eine klare Form gebracht. Neben dem Bureau des Ingenieurwesens wurde eine Städtebau-Abteilung beim Hochbauwesen begründet und die Arbeit so organisiert, daß das Ingenieurwesen für die Pläne die technischen Unterlagen aufzustellen hat, die natürlich allem Weiteren als Vorbedingung dienen müssen, und daß das Hochbauwesen auf dieser Grundlage die gestaltende Seite der Aufgabe übernimmt. Seine Vorschläge werden in einem Ausschuß vorberaten, in dem die fachmännischen Vertreter aller der Instanzen sitzen, die mit dem betreffenden Plane in Berührung stehen, so daß Einwände und Anregungen aus den verschiedensten Gesichtspunkten heraus schon beim ersten Entstehen der Planung zur Geltung kommen.

Das ist wichtig, denn jeder Bebauungsplan ist ein so kompliziertes Gewebe von Absichten und Zwängen und die unsichtbaren Fäden dieser Absichten und Zwänge spielen dabei eine so bedeutsame Rolle, daß es außerordentlich schwer ist, ihm im weiteren Zustand der Entwickelung noch in maßgebender Weise zu verändern, ohne daß es Flickwerk oder völlige Zerstörung gibt. Das führt so überaus leicht zu Kompromissen, die sich nirgends mehr rächen, wie auf diesem Gebiet. Das Scheitern der ersten Entwicklungsphase des großstädtischen Bebauungsplanes liegt zum großen Teil an der Einseitigkeit der Blickrichtung, aus der er entstand. Diese Richtung muß in erster Linie auf Wohnungspolitik eingestellt sein, Wohnungspolitik aber entsteht nur aus dem lebendigen Zusammenwirken juristischer, sozialer, technischer und künstlerischer Gedankengänge. Keine dieser vier Kräfte darf fehlen. Daß sie nicht gleichberechtigt zu Worte kamen und da wo sie etwa wirkten, nicht zu einer Einheit zusammengefaßt wurden, hat zur Katastrophe „Großstadt" geführt. Die Methode zu finden, um sie zusammenzufassen, ist eine ganz besondere Kunst, die erst allmählich in der Welt zu reifen beginnt.

B. Die „Vororte" des Jahres 1913 und die „Walddörfer".

Unter wesentlich anderen Bedingungen trat Hamburg an die Aufgabe der Neugestaltung der dritten großen Zone heran, in der sich die Stadt zu entfalten anschickte.

Entstand die zweite Zone ganz unter dem Einfluß und gleichsam als Fortsetzung ihrer Vorgängerin, so entstand diese dritte Zone unter gerade entgegengesetztem Einfluß: die Tendenz, mit der man an ihre Neuordnung ging, war die, sie zu schützen vor den Erscheinungen ihrer Vorgängerin.

Zu dieser Entwicklungszone muß man dem Sinne nach zwei Gebiete rechnen: einmal das ganze nördlich von Eppendorf—Winterhude—Barmbeck sich erstreckende Gelände des eigentlichen Kernstückes vom Hamburger Staatsgebiet, bestehend aus den Vororten Groß Borstel, Alsterdorf, Ohlsdorf, Klein Borstel, Fuhlsbüttel, Langenhorn, — und dann die im preußischem Besitz eingesprengten Teile des Hamburger Staatsgebildes, die sich in nordöstlichem Zug als eine Art politischer Inselstreif entwickeln: die sogenannten „Walddörfer", Farmsen, Volksdorf, Wohldorf und das noch mehr östlich abgespaltene Groß-Hansdorf. Die Vororte wurden bereits 1913 eingemeindet, — die Eingemeindung der Walddörfer ist gegenwärtig beantragt.

Man muß diese Gebiete gemeinsam betrachten, weil sie in vieler Beziehung unter gleiche wohnungspolitische Gesichtspunkte fallen und deshalb manches für sie gleichartig liegt trotz der äußeren Ungleichartigkeit in ihrem Verhältnis zur Kernstadt.

Wenn ich erst sagte, daß die Tendenz, mit der man an die Zukunftsgestaltung dieser Gegend herantrat, die war, sie zu schützen vor den Entwicklungsformen der an sie grenzenden früher ausgestalteten Gebiete, so könnte man glauben, daß das gleichbedeutend wäre mit dem Versuch einer Reform des Kleinwohnungswesens. Das würde eine unzutreffende Vorstellung sein, vielmehr ging man ursprünglich von ganz anderen Zielen aus und erst auf Umwegen wurde man schließlich auch an die Reform der Kleinwohnung herangeführt. Das, wovon man ausging, war gar keine wohnungspolitische, sondern eine steuerpolitische Erwägung, die sich erst in eine Wohnungsfrage umsetzte; diese Wohnungsfrage hatte aber zunächst mit Kleinwohnungen nichts zu tun.

Die unerfreuliche Entwicklung des Großstadttypus, die in den letzten 40 Jahren immer deutlicher in Hamburg hervortrat, hat eine ganz bedenkliche finanzielle Folge für die Stadt gehabt. Zahlreiche steuerkräftige Einwohner waren auf preußisches Gebiet verzogen, wo in erreichbarer Nähe die fieberhafte Großstadtentwicklung noch nicht in dem Maße verheerend eingegriffen hatte, wie in dem aufblühenden Hamburg, und infolgedessen die Reize der Natur noch ihre alten Vorzüge entfalteten. Das wurde für Hamburg gefährlich und so wird die Wohnungspolitik dieser Jahre beherrscht von dem Gedanken, auf Hamburger Staatsgebiet reizvolles Gelände zu erschließen, das die steuerkräftigere Bevölkerung im Bannkreis seiner Oberhoheit festhält. Diese Politik wurde mit einer Energie angefaßt; wie man sie in bestimmten Zusammenhängen mit Bewunderung in Hamburg hervortreten sieht. Riesige Ingenieurarbeiten leiteten sie ein.

Als erste ist in diesem Zusammenhang die Alsterkanalisation zu nennen. Bis 1912 floß die Alster in ihrem oberen Lauf zwischen Eppendorf und Ohlsdorf als kleiner anmutiger, windungsreicher Bach durch Wiesen und Baumgruppen. Das reizvolle Tal war nicht bebaubar, weil es bei Schneeschmelze und Regen vom Hochwasser des anschwellenden von + 8,3 auf + 6,6 fallenden Baches überschwemmt wurde. Zur Erschließung der Gegend und zur Schiffbarmachung des Wasserlaufs für praktische Zwecke war eine Kanalisierung nötig, die den Wasserspiegel durch eine Schleuse in Ohlsdorf auf 6,60 senkt und den Lauf in eine klare vereinfachte Form faßt. Diese notwendige technische Arbeit erhielt dadurch eine wohnungspolitische Bedeutung, daß sie benutzt wurde um ein reizvolles Gelände vor allem für Einzelhausbebauung zu schaffen. In etwa 4½ km Länge wird der mannigfaltig gegliederte Kanal von Ost nach West das Hamburger Gebiet durchziehen, stets begleitet von Grünanlagen, belebt durch Terrassen, die aus dem hoch liegenden Uferrand gewonnen sind, durch Spielplätze, Buchten, Badeanstalten und architektonisch gefaßte Landungsstellen. Vor allem aber ist der Wasserlauf durch Nebenarme begleitet, die zahlreiche Baustellen so zu erschließen erlauben, daß sie von ihrem Garten aus den in Hamburg heißbegehrten unmittelbaren Zusammenhang mit dem Kanalsystem der Alster haben. Über 8 Millionen wurden 1911 für diese Anlage bewilligt, die ein neues Stück Hamburg begehrenswert machen sollte. Man sah ein, daß diese Absicht wohl nur mit künstlerischen Mitteln würde erreicht werden können und so war dieses Projekt der Anlaß, um auch das Hochbauwesen an solchen großen städtebaulichen Arbeiten zu beteiligen.

Ähnliche Siedlungsziele wie durch die Alsterkanalisierung wurden nun aber in noch größerem Stil durch die Bahnpolitik verfolgt, die Hamburg etwa gleichzeitig zu entwickeln begann. Die Elektrisierung der Vorortsbahn nach Blankenese einerseits und nach Ohlsdorf andererseits war eigentlich nicht der Hamburger Wohnungspolitik zu Gute gekommen, im Gegenteil sie hatte die steuerkräftigen Siedler nach den preußischen Elbgemeinden oder nach den preußischen Teilen des Alstertales entführt. — Die gewaltige Ringanlage der Hoch- und Untergrundbahn hatte ebenfalls der Wohnungspolitik keine entscheidende neue Wendung gegeben, sie hatte eigentlich nur eine Entwicklung verkehrstechnisch auf die Höhe gebracht, deren Wesen längst fest gelegt war, und nur der neue Arm von der Kellinghusenstraße nach Ohlsdorf führt durch wenig bebautes Land. Es bestand deshalb das lebhafte Bedürfnis, diese Anlagen so zu ergänzen, daß die neu auftretenden anspruchsvolleren Siedlungsabsichten auf Hamburger Gebiet ihre Erfüllung finden konnten. Der Großstadttypus, der sich entwickelt hatte, brachte bei denjenigen, welche die Form ihres Daseins etwas freier zu gestalten in der Lage waren, den natürlichen Drang mit sich, in die freundlichere ländlichere Umgebung von Vororten zu entfliehen. In seinen „Walddörfern", die durchsetzt sind von prächtigen Forsten und bisher in fast ungestörter Ruhe daliegen, hatte Hamburg das gegebene Gebiet für solch ein Bedürfnis und auch in dem nördlichsten Zipfel seines eigentlichen Kerngebildes, in dem noch ganz ländlichen Langenhorn, ergab sich bescheidenere Gelegenheit dafür; Hamburg ergänzte deshalb sein Eisenbahnsystem durch zwei große neue Erschließungsbahnen, die Bahn nach Langenhorn (Bewilligung 7160000 Mk.) und die Bahn in die Walddörfer (Bewilligung 20500000 Mk. ohne Grunderwerb). Es wurde dadurch mit einem Schlage so viel reizvolles Gelände für das wählerischere Siedlungsbedürfnis zur Verfügung gestellt, daß das steuertechnische Ziel dieser energischen Politik sicherlich voll erreicht worden wäre, wenn nicht höhere Gewalten grausam dazwischen gefahren wären. Der Krieg überraschte die gewaltigen Bauten, sie mußten mit außerordentlicher Kostensteigerung notdürftig zu Ende geführt werden und werden erst voll betriebsfähig zu einer Zeit, wo die Gattung Siedler, auf welche sie berechnet waren, ganz anderen Siedlungsbedürfnissen gewichen sein wird.

Das sind die hauptsächlichen verkehrspolitischen Grundlagen

an Wasserverbindungen und an Schienenverbindungen, mit denen die neu zu gestaltenden Gebiete des Jahres 1913 zu rechnen hatten. Es wird nicht leicht sein, das Wesen dieser Einrichtungen den inzwischen veränderten Verhältnissen anzupassen, zumal die durch den Krieg ins Ungeheure gesteigerten Ausführungskosten alle vorgesehenen Tarife gründlich über den Haufen geworfen haben. Aber man wird alles, was nach dieser Richtung möglich ist, versuchen müssen. Die Schwierigkeit liegt darin, daß die erschlossenen Gebiete zum sehr großen Teil durch ihre geographische Lage für Arbeiterwohnungen ungeeignet sind, da die Verbindung mit den im Umkreis des Hafens liegenden Arbeitsstätten zu schwierig ist. Man kann selbst so neutralen Gebilden, wie Bahnen, wenn sie nicht für Arbeiterzwecke gebaut sind, nachträglich nur schwer diesen Charakter geben, zumal wenn, wie in diesem Falle, nicht nur der historische Werdegang, sondern auch die Eigentümlichkeit der Hamburger Gebietsgrenzen der Anlage einer richtigen Arbeiter-Schnellbahn entgegenwirkten.

Aber diese Erwägungen, die sich an die technischen Vorbedingungen der Neugestaltung dieser ganzen Vorortgebiete knüpfen, führen uns von der eigentlichen Frage ab, nach welchen städtebaulichen Gesichtspunkten die Arbeit ihrer Gestaltung eingesetzt hat. Sie bedeutet auch nach der sozialen Seite hin eine völlige Loslösung von dem vorangegangenen System.

Daß das möglich war beruht auf einigen wenigen Bestimmungen des Eingemeindungsgesetzes. In einer eigenen Anlage 4 sind hier „Baupolizeiliche Sondervorschriften" getroffen. Die wichtigsten Bestimmungen lauten:

§ 1 (1) „Vorderhäuser einschließlich etwaiger Flügelbauten müssen auf ihre ganze Tiefe mindestens 2 m von den seitlichen Nachbargrenzen entfernt bleiben, soweit nicht durch den Bebauungsplan anders bestimmt wird".

§ 4 (1) „Bei Grundstücken, die mit Wohngebäuden bebaut sind oder bebaut werden sollen, darf....... die Bebauung nicht mehr als ein Drittel der hinter der Straßenlinie liegenden Gesamtfläche einnehmen."

§ 5 (1) „In Wohngebäuden dürfen, solange ein Anschluß an das öffentliche Siel nicht möglich ist, nur 2 Geschosse, bei dem Vorhandensein der Möglichkeit eines Anschlusses an das Siel, nicht mehr als drei Geschosse eingerichtet und benutzt werden."

Was bedeutet das im Verhältnis zur bisherigen Großstadtentwicklung? Es bedeutet das Einlenken von der Stockwerks-Türmung zum Flachbau. Nirgends kann die neue Stadt in ihrer Höhenentwicklung den Typus der Mittelstadt (2 Obergeschosse) übersteigen. Es bedeutet ferner nicht nur eine Einschränkung der

Höhe, sondern auch eine Einschränkung der Dichtigkeit des Bauens: nur ein Drittel des Grundes darf bedeckt werden. Das hat beträchtliche hintere Häuserabstände zur Folge, zugleich wird durch seitliche Häuserabstände die Luftigkeit vermehrt.

So ergibt sich ein grundlegend anderer Stadttypus. Denkt man sich aber diesen Typus nach Maßgabe jener Bestimmungen auf großen Gebieten verwirklicht, so müßte das Ergebnis trotzdem lebhafte Bedenken erregen. Die Grundform, die dabei entstände, ist eines der ästhetisch zweifelhaftesten Gruppierungssysteme von Bauten: Einzelbauten mit immer wiederkehrendem 4 m-Bauwich. Ein sehr unerfreuliches Bild, zumal wenn es sich um Bauten mit vertikaler Betonung der Masse handelt (2 Obergeschosse). Noch schlimmer aber ist, daß die Massenentwicklung in die Tiefe allen Wucherungen der Hinterflügel ebenso wie früher preisgegeben sein würde, da die betreffenden Paragraphen über Ausnahmeräume nicht getilgt wurden.

Man konnte diese Eingemeindungsbestimmungen also nur als eine Basis zur eigentlichen Reform betrachten. Diese war erst möglich durch die Art, wie die Bebauungspläne die durch diese Bestimmungen gegebenen Verhältnisse verarbeiteten und abwandelten.

In der Art und Weise, wie das in den neuesten Entwürfen geschieht und in einzelnen Teilstücken bereits festgelegt ist, dürfte der eigentlich entscheidende Schritt in der neueren Wohnungspolitik Hamburgs liegen.

Es kann hier natürlich nicht von dem künstlerischen Charakter dieser Pläne die Rede sein, obgleich auch er für Wohnungsfragen in Wahrheit stark ins Gewicht fällt, sondern nur von Maßnahmen grundsätzlicher Natur. Sie verfolgen zwei Ziele: die Schaffung von Vorbedingungen für möglichst viele preiswerte Kleinwohnungen, soweit das bei gegebenen Verkehrsbedingungen möglich ist, und die Schaffung von Zwangsbedingungen für einwandfreie bauliche Organismen.

Die beiden Ziele wirken sich entgegen. Je mehr man die Bedingungen verschärft, um einwandfreie Bauten zu bekommen, umsomehr schwindet die Möglichkeit, erschwingbare Kleinwohnungen erreichen zu können, man muß deshalb im selben Augenblick, wo man um wichtiger baulicher Reformforderungen willen Beschränkungen auferlegt, fragen, an welcher Stelle man als Gegenwert Beschränkungen weniger ausschlaggebender Art zu lockern vermag. Der Punkt ist leicht zu finden, er liegt in der wirtschaftlich sehr bedrückenden allgemeinen Forderung der offenen Bauweise (4 m-Bauabstand). Statt ihrer muß in den Bezirken, wo man auf preiswerte Kleinwohnungen rechnet, in großem Maßstabe geschlossene Bauweise und Gruppenbau eingeführt werden. Besonders letzteres ist wichtig: durch bestimmte Bezeichnung werden Baulinien festgelegt, „an denen in einheitlichen geschlossenen Gruppen gebaut werden kann. Am Ende jeder Gruppe ist ein Bauwich von 4 m bei 2geschossiger, von 6 m bei 3geschossiger Bebauung einzuhalten. Mehr als 5 Häuser, — Gebäude mit je einem Treppenhause —, dürfen nur mit Genehmigung der Baupolizeibehörde zu einer Gruppe vereinigt werden." Dadurch ermöglicht sich eine bessere Ausnutzung der Straßenfront, eine billigere Bauweise und ein vorteilhafterer Gartenzuschnitt, so daß auch bei kleinen Häusern die Ausnutzung der Erlaubnis ein Drittel zu bebauen noch angenehme Blockbreiten zeitigt. Außerdem wird dadurch zugleich der Einförmigkeit der offenen Bauweise entgegen gearbeitet. Hand in Hand mit dieser möglichst wirtschaftlichen Anpassung des Bausystems an die Bedürfnisse der Kleinwohnung geht dann natürlich ein möglichst wirtschaftlicher Zuschnitt der Blöcke, um die Möglichkeit einer restlosen Ausnutzung der Drittelsbebauung zu gewährleisten.

Die Einführung geschlossener und gruppierter Bauweise macht es nun aber doppelt notwendig, gegen die „Schlitzbauweise" vorzugehen. Das wäre an sich durch hintere Baulinien denkbar, die das Entwickeln von Hinterflügeln verhindern. Diese graphische Maßnahme ist aber aus zwei Gründen unmöglich, erstens weil ein Plan, der über große Gebiete auf Jahrzehnte im voraus disponiert, diese zunächst nicht in ihre letzte Blockteilung zerlegen kann, sondern es der lebendigen Entwicklung der Zukunft überlassen muß, dies je nach dem Augenblicks-Bedürfnis späterer Wirklichkeiten zu tun; dann aber auch, weil selbst bei völliger Blockaufteilung die graphische hintere Baulinie versagt, denn will man praktisch brauchbare Bautiefen haben, so muß man sie je nach der Größe der Wohnungen staffeln. Eine gleichmäßige Baulinientiefe würde also ihren Zweck vielfach garnicht erfüllen, eine ungleichmäßige aber willkürlich die Wohnungsgrößen Jahrzehnte im voraus für Gebiete bestimmen, deren Zukunft gegenwärtig niemand übersehen kann. Diese vielfachen Schwierigkeiten führen dazu, durch eine Bestimmung in der Legende des Bebauungsplanes dem ganzen Gebiet ein Netz unsichtbarer hinterer Baulinien aufzuerlegen, die sich automatisch in elastischer Weise dem jeweiligen wirklich auftretenden Bedürfnis anpassen. Diese Bestimmung lautet:

„Die nachstehenden Bautiefen, gemessen von der vorderen Gebäudeflucht dürfen nicht überschritten werden.

a) für freistehende oder Doppelhäuser 16 m (bezw. 20 m),

b) für Reihenhäuser und Gebäude in Gruppen:

Bei Wohnungen mit	1—2 Zimmern und Küche	11 m,
„ „ „	3—4 „ „ „	12 m,

Bei Wohnungen mit	5	5 Zimmern	und	Küche	13 m,
,, ,, ,,		6—8 ,,	,,	,,	14 m,
,, ,, ,,	mehr als	8 ,,	,,	,,	16 m.

Als Zimmer werden nur Räume von mindestens 10 qm Grundfläche angesehen.

Enthält das Gebäude Wohnungen von verschiedener Zimmerzahl, so richtet sich die Bautiefe nach derjenigen Zimmerzahl, welche die Mehrheit der Wohnungen aufweist; ergibt sich keine Mehrheit, so wird das Maß durch Mittelung bestimmt.“

Damit ist das Gespenst der Schlitzbauten gebannt, ohne daß dafür das neue Gespenst starrer, graphischer Linien getreten wäre.

Ergänzt wird dieser Kampf um Licht und Lüftung noch durch die Bestimmung:

„Von einem Treppenflur dürfen in einem Geschosse nicht mehr als zwei selbständige Wohnungen ihren Zutritt erhalten. In Gebäuden, die abgesehen von Wohnungen für Hausbedienstete mehr als eine Wohnung enthalten, müssen die Treppenräume an der Außenwand liegen und Fenster zum öffnen nach dem Freien haben, durch die eine genügende Treppenbelichtung gesichert wird.“

Durch alle diese Bestimmungen ist weit mehr erreicht, als durch die bloße Streichung jener „Ausnahmen“, die zum Schlitzbau führten. Das wichtigste ist dies, daß das Berliner Hofsystem nicht etwa als Ersatz am Horizonte auftaucht, sondern ausgeschlossen ist, und dazu kommt als zweites, — daß die neue Wohnhausform, die nur noch zwei parallele Außenmauern kennt, nicht etwa durch übergroße Tiefe so verzerrt werden kann, daß ihre Vorzüge durch tiefe und schmale Zimmer wieder aufgehoben werden. Endlich ist auch ein einwandfreies Treppenhaus gewährleistet.

Natürlich bringt die Beschränkung der Tiefenentwicklung es mit sich, daß für Gewerbebetriebe besondere weitergehende Vorschriften erlassen werden müssen; sie dürfen sich bis auf 16 m Tiefe erstrecken und auch wenn ein gewerblichen Zwecken dienender Raum mit einer Wohnung in Verbindung steht, darf er 16 m tief im Erdgeschoß hinausgezogen werden. Im allgemeinen aber ist versucht Wohnbenutzung und gewerbliche Benutzung möglichst zu trennen, was dadurch angestrebt wird, daß in einzelnen geeignet belegenen Blöcken besondere Begünstigungen für gewerbliche Betriebe zugelassen werden.

Daß durch beschränkende Bestimmungen für die Überschreitung der Baulinien, für Gestaltung der Vorgärten und dergleichen auch der architektonische Charakter der Wohnbauten heilsam beeinflußt wird, sei hier nur angedeutet. Was uns in diesem Zusammenhange interessiert ist in erster Linie der Wechsel im sozialen Typus. Gleichgültig ist es allerdings auch nicht, dafür zu sorgen, daß nun die gesunde Grundform dieses Typus nicht durch mechanisch sich wiederholende „nützliche“ Häßlichkeiten seiner wohltuenden Wirkungen beraubt wird. Je beweglicher man die Form macht, in der die architektonischen Zugeständnisse erfüllt werden können, um so eher wird man dieser Gefahr einer ertötenden Eintönigkeit Herr werden. Solch erdrückender Schematismus, wie er etwa in der steten Wiederkehr der gleichen vor die Fassade vorgehängten Erkermasse hervortritt, darf nicht verwechselt werden mit dem Streben nach Einheitlichkeit in der Straßen- und Platzbildung. Einheitliche Wirkung beruht nicht auf der steten Gleichheit der Form, sondern auf der Gleichheit des Geistes, mit der etwas durchgebildet ist. Diese Gleichheit des Geistes ist ein Ziel, das der Bebauungsplan wohl vorbereiten und an bestimmten Stellen sogar fordern kann, aber Erfüllung gewährleisten kann keine Bestimmung und keine Forderung, die geht erst als letztes Geschenk hervor aus dem Wiedergewinnen einer einheitlichen Kulturauffassung unserer Lebensfragen. Die Wohnung ist der Maßstab dafür, wie weit man in dieser Richtung gekommen ist.

Alle diese Gesichtspunkte, die vor allem für das Gebiet nördlich von Winterhude-Barmbeck als der unmittelbaren Fortsetzung der schon bestehenden Stadt, wichtig sind, haben auch ihre Geltung für das Gebiet des „Walddörfer“. Derjenige Teil von ihnen, der an Wandsbek grenzend Hamburg am nächsten liegt, Farmsen, hat wohnungspolitisch ganz ähnliche Funktionen für die Stadt zu erfüllen, wie jenes Vorortgebiet. Auch hier muß sich eine Mittelstadt entwickeln, die verkehrstechnisch hart an der Grenze dessen liegt, was für den Arbeiter noch als Wohngegend in Betracht kommen kann; auch hier wird das Streben sein müssen, innerhalb des Mittelstadt-Charakters möglichst viele einwandfreie Kleinwohnungen zu entwickeln. Mit dem nördlichen Teil Farmsens aber, — dem ehemaligen Gut Berne, — beginnt ein anderer Charakter, der sich noch im gesteigerterem Maße in den weiteren Walddörfern fortsetzt; reicher Baumbestand gibt der Gegend ihr Gepräge und dies Gepräge ist nur zu erhalten, wenn man dafür sorgt, daß die lockere Bauweise der Einzelhauskolonien vorwiegt, und daß nicht eine allzu kleine Aufteilung Bäume und Busch allmählich verschwinden läßt. Deshalb sind hier Bauklassen eingeführt, die je nach dem landschaftlichen Charakter des betreffenden Geländeteiles Mindestgrößen für die einzelnen Parzellen vorsehen und das Maß der auf ihnen erlaubten Bebauung festlegen. Die Klassen der Pläne beginnen mit Drittelbebauung (1.—6. Bauklasse) und steigern sich von 1000 qm mit $^1/_7$ Bebauung (Kl. 7) sowie 1500 qm und 2500 qm mit $^1/_{10}$ Bebauung bis zu 5000 qm und 10000 qm mit $^1/_{15}$ Bebauung.

Nur unmittelbar in der Nähe der neuen Bahnhöfe und im Kern der jetzt bereits bestehenden Siedelungen werden stärkere Ausnutzungen zugelassen. Diese Maßnahmen waren nötig, um den Gegenden den hohen Wert zu sichern, den sie jetzt für die Allgemeinheit haben, den Wert landschaftlicher Gegengewichte gegenüber den Eindrücken der Großstadt. Zwei dieser Bebauungspläne, — Wohldorf und Volksdorf, (aufgestellt von der Baupflege) haben völlige Zustimmung der betreffenden Gemeinde gefunden, — Farmsen und Groß Hansdorf lassen sich nicht so einfach erledigen, weil sie mit der inzwischen reif gewordenen Frage der Eingemeindung der ganzen Walddörfer-Bezirke in Verbindung stehen. Dadurch sind sie verknüpft mit einer neuen Bauordnung für dies ganze Gebiet, die natürlich zahlreiche technische und wirtschaftliche Einzelfragen mit sich bringt.

Im allgemeinen betrachtet kann die den Walddörfern gegenüber neuerdings eingeschlagene Wohnungspolitik als maßgebendes Zeichen dafür betrachtet werden, daß sich ein neues Bewußtsein durchsetzt für das Verhältnis zwischen Natureindruck und Bebauungsplan. Es gab Zeiten, wo Straßenführung und Aufteilung keine Rücksicht nahm auf die Einzelheiten des Bestehenden. Stolze Baumreihen mußten Begradigungen weichen, schöne Baumgruppen fielen unrettbar unter den Linien der Bebauung und als Ersatz gab man hier und da parkähnliche Neuanlagen, die zersprengt zwischen Straßen lagen. Um ein Gebiet wohnreif zu machen, machte man es, — wenigstens auf dem Papier, — zunächst zur Wüste. Man kann es als ein wichtiges Stück Wohnpolitik betrachten, daß der Städtebau in Hamburg dahin durchdrang, jeden wertvollen Baum, jede Grün-Gruppe, ja, jeden jener für diese Gegend so charakteristischen Knicks zu beachten, nach seiner Erhaltung zu suchen und ihn dann erst zu opfern, wenn unabweisliche gewichtigere Gründe seine Fortdauer unmöglich machen. Zugleich aber ging damit das Streben Hand in Hand auch in den Neuschöpfungen von Grünanlagen an diese bereits von der Natur betonten Punkte anzuknüpfen und sie miteinander in eine fortlaufende Verbindung zu bringen. Diese Politik tritt gerade den Walddörfern gegenüber besonders deutlich hervor. Man kann damit eine indirekte Entlastung von „Großstadt"-Eindrücken für die neuen Siedelungen erreichen, die ein notwendiger Bundesgenosse der technischen Entlastung ist, die an den architektonischen Gestaltungen selbst vorgenommen wird.

So bahnt die letzte Phase der Hamburger Wohnungspolitik deutlich einen grundsätzlichen Umschwung an. Was daraus im einzelnen für Fragen entspringen oder bereits entsprungen sind, sei im besonderen Zusammenhang betrachtet.

III. Die Ausgestaltung der zukünftigen Stadt.

Zwischen dem großen Brand und dem Cholerajahr, den beiden gewaltigen Erschütterungen, die Hamburgs Wohnungspolitik entscheidend beeinflußt haben, lag genau ein halbes Jahrhundert, — das Schicksal hat nur ein Vierteljahrhundert gewartet, bis es in den Prüfungsjahren des großen Krieges die dritte große Erschütterung über Hamburg verhängte. Auch sie war ein Ereignis, das sich genau wie die beiden vorangegangenen Prüfungen unmittelbar umsetzte in Wohnungsfragen. Und auch darin besteht eine eigentümliche Gleichheit, daß diese Wohnungsfragen zwei Gesichter haben: das eine ist das erschreckte Gesicht einer jäh auftretenden akuten Not und das andere ist das nachdenkliche Gesicht schwer verwurzelter grundsätzlicher Nöte. Ebenso wie Brand und Cholera behelfsmäßige Wohnungsmaßnahmen erforderten, die an sich ein höchst interessantes Kapitel ausmachen, war es auch beim Kriege. Die ersten deutlich erkennbaren Wirkungen sind Notgesetze über Wohnungsnachweis, Herstellung zurzeit unbewohnbarer Räume, Erfassung leerstehender Gelasse, Gewährung von Überteuerungszuschüssen bei Neubauten, Vorlagen über Behelfsbauten und was alles an solchen Augenblicksmaßnahmen nötig war. Von ihnen wollen wir hier nicht sprechen, sondern von den grundsätzlichen Fragen wohnungspolitischer Natur, die mit den Wirkungen des großen Schicksalsschlages zusammenhängen.

Auch diesmal stehen sie wieder unter einem ganz bestimmten, scharf ausgeprägten Stichwort. Kann man nach dem großen Brande bei dem, was geschah, wenn man genauer nachforscht, immer erkennen, daß alles unter der Herrschaft des Wortes „Feuersicher“ steht, kann man nach der Cholera überall bei näherem Zuschauen die Herrschaft des Wortes „Hygienisch“ finden, so ist das beherrschende Wort dieser Zeit mit nicht minder großer Deutlichkeit das Wort „Sozial“. Statt technischer Leitgedanken sind politische an die Spitze gerückt. Oder sind es bereits ethische Gedanken, die sich in politischer Form herausentwickeln? Denn die ethischen Gedanken haben in dieser Frage nie geschlummert, sie haben nur nicht an die Spitze kommen können; durch die

Macht politischer Tendenzen aber können und müssen sie an die Spitze getragen werden.

In Wahrheit ist die gegenwärtige Lage die, daß sie nach der Seite der Vergangenheit hin all das, was in den vorangegangenen Jahren mühsam und unter vielerlei Widerständen angesät war, in der raschen Hitze ihrer Gluten plötzlich zur Reife gebracht hat, und daß man mit entschlossenem Griff diese Ernte zu fassen beginnt. Nach der Seite der Zukunft aber hat diese Lage eine Fülle neuer Probleme heraufbeschworen, die einstweilen als Mahnzeichen an unserem Wege stehen. Zum großen Teil leider auch als Fragezeichen.

Es ist nicht die Absicht, im folgenden diese beiden Gruppen von einander zu scheiden; mögen die Dinge ihre Wurzeln in der Vergangenheit oder in der Gegenwart haben, was uns wichtig ist, ist nur, daß ihr Leben in die Probleme unserer Tage greift.

A. Arbeiten der Umgestaltung.

Auch wenn man in die Zukunft blickt, wird sich in ihr immer etwas von dem vollziehen, was wir in den beiden vorangegangenen Abschnitten unserer Übersicht als Arbeiten der Umgestaltung den Arbeiten der Neugestaltung gegenübergestellt haben.

Ich meine damit nicht die Vollendung und den weiteren Ausbau der begonnenen Umgestaltungsarbeiten der Altstadt, die natürlich auch als Forderungen bestehen bleiben, sondern neu auftauchende Aufgaben dieser Art, die sich auf die Absichten und Taten der unmittelbar voraufgehenden Epoche beziehen. Auf dem Gebiete der Stadtgestaltung und Wohnungspolitik haben sich die Anschauungen und Erkenntnisse in dem fieberhaft an diesen Problemen arbeitenden letzten Jahrzehnt mit großer Schnelligkeit entwickelt und umgeformt. — Was heute zur Ausführung kommen soll, entstammt Entschlüssen, die beträchtliche Zeit zurückliegen, kein Eingeweihter kann sich deshalb wundern, wenn in der Zwischenzeit Verbesserungsmöglichkeiten aufgetaucht sind. Es ist nicht leicht, sie auf diesem Gebiete zur Durchführung zu bringen, zumal wenn es sich um verhältnismäßig junge Entschlüsse handelt, die umgestoßen werden sollen, und nur zu oft siegt hier Scheu vor unvermeidlichen Weiterungen und nicht zum wenigsten eine falsche Scham. Beides muß man überwinden; man muß dahin kommen, es in der Zukunft seitens der Behörden als ein Verdienst zu betrachten, durch Veränderungsvorschläge in den Bebauungsplänen Schritt zu halten mit der Zeit.

In diesem Sinne hat neuerdings eine für die Hamburger Wohnungspolitik nicht unwichtige Arbeit einzusetzen begonnen. Sie äußert sich zunächst einmal darin, daß der Kampf gegen die „Schlitzbauweise“ auch rückblickend geführt wird. Das

Hochbauwesen hat den ganzen Staatsbesitz an Bauplätzen, der eingesprengt ist in Blöcke, deren Bebauung nach dem alten System begonnen hat, in Bearbeitung genommen und Bebauungsmöglichkeiten vorprojektiert, die nach neuen Grundsätzen nur durchlüftbare und gut belichtete Räume ergeben. Das Prinzip der beschränkten Bautiefe ist dabei über die einfache Grundform des eingebauten Hauses herüber mannigfach weitergebildet, indem mit den schmalen Baukörperstreifen die verschiedensten Figuren gebildet sind, die sich dem jeweiligen unbequem zugeschnittenen Bauplatz anpassen. Das ist die Form, in der man versuchen muß, den wirtschaftlichen Platz so auszunutzen, daß er den Wettbewerb mit der unerfreulichen Bauweise der „Schlitzbauten" aufnehmen kann. Die größere Einfachheit der Baumaße ergibt dabei nach eingehenden Berechnungen der Baukosten einen Vorteil gegenüber diesen Schlitzbauten. Das fällt da zu Gunsten der Reform ins Gewicht, wo in ihrem Rahmen nicht ganz die gleiche Wohnfläche erreicht wird.[1])

Ähnlich geht die Baubehörde Hand in Hand mit der Baupolizei schon seit geraumer Zeit in all den Fällen vor, wo der Staat irgendeine Genehmigung zu erteilen hat, und dadurch Einfluß auf ein Bauprojekt erhält. Das beginnt immer mehr die Wirkung zu haben, daß Unternehmer neuerdings aus freien Stücken Umformungsvorschläge machen, die vom Schlitzbau fortführen. Je mehr das Publikum beginnt in dieser Hinsicht Zustimmung und Abneigung kenntlich zu machen, um so mehr wird diese erfreuliche Regung zunehmen.

Diese Umgestaltung von Absichten der vorangehenden Epoche beschränkt sich aber nicht bloß auf dieses Mosaikwerk innerhalb bereits halb entwickelter Blöcke. Es gewinnt erst seine eigentliche Bedeutung, wenn es ganze Distrikte umfassen kann, die noch der Ausführung harren. Das ist praktisch verhältnismäßig selten möglich, denn es bedarf dazu noch einer weiteren Vorbedingung: das Gebiet muß wenigstens in seinen wesentlichen Teilen Staatsgrund sein, denn sonst entstehen Entschädigungsansprüche, die eine Gemeinde nicht bewältigen kann.

Im Jahre 1919 ist in Hamburg eine erste solche Umgestaltung der alten Fassung eines großen Bebauungs-Abschnittes zur Erledigung gekommen, deren Bearbeitung mehr als ein Jahr zurückliegt: es handelt sich um den südlichen Teil eines Arbeiter-Stadtteils, Barmbeck, das sogenannte „Dulsberg-Gelände". Die Arbeit hat eine gewisse gruhdsätzliche Bedeutung, denn sie geschah im Sinne

---

[1]) Vgl. Untersuchungen von Bendixen über „Rentabilität städtischer Mietshäuser mit Kleinwohnungen". Baurundschau 1919 Heft 5—10.

einer Herabzonung der Bebauung um 2 Geschosse und einer wesentlichen Vermehrung der Grünanlagen und zwar auf einer wirtschaftlich durchführbaren Grundlage.

Solche Veränderungen sind ja nicht schwer, wenn man bei ihnen die wirtschaftliche Seite außer Acht zu lassen vermag, sie gehören zu den verwickeltsten städtebaulichen Wohnungsproblemen, wenn dies nicht der Fall ist. So lag es hier. Der Staatsbesitz des Geländes war durchsetzt mit unregelmäßigen Privatbesitzstreifen, die gesetzliche Ansprüche an eine andere Art der Ausnutzung hatten, aber ganz abgesehen davon war es angesichts der schwierigen Finanzverhältnisse für den Staat unmöglich, seinen kostbaren Besitz erheblich zu entwerten. Man konnte also keinem uferlosen baulichen Idealismus nachgehen.

Der Bebauungsplan sah hier eine Bebauung von 5 Geschossen vor; dem in große Blöcke aufgeteilten Gebiet war bezüglich der Ausnutzung keine Hemmung auferlegt. Aber selbst wenn man eine Aufteilung der Blöcke unter Ausschluß von Schlitzbauten vorsah, blieb immer die Aussicht auf ein Massenquartier übrig, das in der ewigen Wiederkehr gleichmäßig hoher Riesenkästen dumpf und erdrückend wirken mußte. Ein privater Ausschuß für Siedlungswesen[1]) hatte einen Vorschlag der Umgestaltung gemacht, der abgesehen von Unmöglichkeiten der Straßenführung ein Opfer von etwa 500000 qm Wohnfläche (das sind zwei Drittel der im gesetzlichen Plan erzielbaren Wohnflächen von 1231000 qm), verlangt haben würde. Demgegenüber gelang es durch geeignete Straßenführung 1012000 qm Wohnfläche zu erzielen, trotzdem die Grünanlagen wesentlich vergrößert quer durch das ganze Gebiet als belebender Streif gezogen sind und trotzdem vor allem die ganze Bebauung des ausschlaggebenden Distrikts um 2 Geschosse herabgezont wurde. Daß dabei Schlitzbauten ausgeschlossen und jede sonstige Forderung der Belichtung und Querlüftung durchgeführt ist, braucht kaum erwähnt zu werden. So ist einem Gebiete, das 70 bis 80000 Menschen beherbergen wird, ein gründlich anderer Charakter aufgeprägt, ohne daß dabei große Werte geopfert sind, denn der Plan ist so eingerichtet, daß die privaten Grundbesitzer durch Umlegung innerhalb der ihnen gesetzlich zustehenden Ausnutzungsgrenzen befriedigt werden können.

Solche Aufgaben der Umgestaltung und Umlegung gehören zu den schwierigsten Erfordernissen der Zeit.

---

[1]) Seit 1917 besteht in Hamburg anschließend an die „Gesellschaft für Wohltätigkeit" ein privater „Ausschuß für Siedlungswesen", der die außeramtlichen Interessen für Wohnungsfragen zu sammeln, soziale Aufklärung auf diesem Gebiete zu leisten und die privaten Interessenten zu organisieren sucht. Gegenwärtiger Geschäftsführer ist Carl Mönckeberg.

Es liegt in der Natur jeder Bebauungsplanarbeit zu einem Ergebnis zu führen, dessen Wesen heißt: „alles ist starr", während das eigentliche Wesen der neuen Großstadt unter dem Stichwort: „alles fließt" allein zu fassen ist. Diesen inneren Gegensatz in unermüdlicher Verbesserungsarbeit nach Möglichkeit aufzuheben, wird eine der Zukunftsaufgaben gesunder Wohnungspolitik sein.

B. Arbeiten der Neugestaltung.

Wenn man die sozialen Ziele künftiger Neugestaltung in einen ganz kurzen Begriff zusammenfassen will, so liegt es nahe auf das Programmbild zu verweisen, das die Kriegerheimstättenbewegung mit so viel Optimismus in die Wolken der Zukunft geworfen hat. Das kleine Einzelhaus mit Garten ist dabei das Ideal, wobei der eine sich unter Garten ein tüchtiges Stück Gemüseland denkt, das er mit seiner Familie nach allen Regeln der Kunst anbauen will, der andere einen kleinen Gartenfleck, in dem ohne besondere Anstrengungen einige Nutzbeete gepflegt werden können. Aber mag das Ideal genauer betrachtet aussehen wie es will, als allgemeine Leitschnur vermag es nicht zu dienen. Für eine Großstadt wie Hamburg wird es praktisch unverwirklichbar sein, das Einzelhaus als durchgängige Wohnform der Massen einzuführen, man kann nur erreichen, daß während es zur Zeit für den Minderbemittelten überhaupt fehlt, Kolonien entstehen, in denen auch diese Wohnform für ihn in Betracht kommt.

Es braucht keiner großen volkswirtschaftlichen Erfahrung, um zu erkennen, daß es selbst unter Annahme rücksichtsloser Beseitigung aller äußeren Hindernisse praktisch unmöglich ist, das bauliche Wesen einer Großstadt plötzlich vom Massenmietshaus ausgeprägtester Art zum kleinen Einzelhaus umzustellen, aber es ist vielleicht noch nicht genug betont, daß es sich bei dieser Frage nicht allein um diese praktische Unmöglichkeit handelt, sondern daß dieser Übergang von einer einseitigen Entwicklung zu einer anderen einseitigen Entwicklung, auch wenn sie durchführbar wäre kein stichhaltiges Programm der Wohnungspolitik bedeuten könnte. Es ist ein großer Irrtum, alle Menschen für Gartenbauschwärmer zu halten, — es wird immer Viele geben, die nach des Tages Arbeit dem Gedanken der Bewirtschaftung des Bodens hilflos oder gleichgültig gegenüberstehen. Psychologisch ist es durchaus begreiflich, daß die Nöte des augenblicklichen Zustandes dieses äußerste Gegenbild auslösten; wenn es wirklich als einziges Lebensschema zur Ausführung käme, würde es trotz all seiner segensreichen Seiten versagen. Man darf nie vergessen, daß zwischen dem Typus Großhaus-Stadt und dem Typus Dorf noch der Typus Kleinstadt und

Mittelstadt liegt, und daß auch diese beiden Zwischentypen ohne wohnungspolitische Verzerrungen durchaus lebensfähig sind.

Das soziale Ziel, dem man zustrebt, läßt sich eben nicht in das Schlagwort eines einzigen Wohnungstypus bannen, sondern besteht darin, einen Zustand zu erreichen, der dem mannigfaltig schattierten Bedürfnis natürlicher Menschen entspricht. Dies Ziel läßt sich nur fassen, wenn man nicht nur die Zwänge beseitigt, aus denen, wie wir im vorangehenden gesehen haben, die starre Unnatur der jetzigen Großstadt hervorging, sondern auch dafür sorgt, daß nun nicht etwa Zwänge entgegengesetzer Art geboren werden. Man muß auf eine Mannigfaltigkeit der Entwicklungsformen hinsteuern und innerhalb dieser mannigfachen Ziele eine möglichst große Beweglichkeit zu wahren suchen.

Das bedeutet praktisch: es gilt die Entwicklung mannigfach abgestufter Zonen vorzubereiten. Für Geschäftsgegenden und unter Umständen auch für Geschäftsstraßen wird dabei das vielgeschossige Haus niemals verschwinden, ja wir werden noch darauf zurückkommen, daß hier sogar an einzelnen Stellen ungewöhnliche Steigerungen nicht ausgeschlossen sind. Für Wohngegenden aber werden die für die Zukunft erwünschten Zonen natürlich unterhalb des jetzigen Massenmietshauses liegen: etwa beim dreigeschossigen Hause, das sich auch dem Massenmietshause gegenüber als baulich billigste Form der Wohnungsgestaltung erwiesen hat, wird man beginnen. Von ihm aus ist durch Mischung mit zweigeschossigen Bauten der Typus der Mittelstadt zu erreichen; je mehr der Garten eine Rolle zu spielen beginnt, umsomehr nähert man sich der Kleinstadt, bis schließlich die Siedelung ausläuft in eine Zone, wo der Nutzgarten den Charakter bestimmt und damit der ländliche Eindruck anzuklingen beginnt. In solcher Abstufung würde das Schema einer künftigen Entwicklung zu suchen sein; keine dieser Stufen ist vom Standpunkte des Wohnbedürfnisses zu entbehren und kann im Lauf einer natürlichen Entwicklung übersehlagen werden.

Wenn heute in begreiflicher Ungeduld gleichsam zum Ausgleich der bisherigen völligen Entbehrung plötzlich lauter ländlich-gartenmäßige Siedlungen in Hamburg verlangt werden, zeigt sich beim Versuch ihrer Durchführung immer wieder, daß es nicht möglich ist, sie selbst auf Staatsgrund in Zonen durchzuführen, die dem bestehenden Körper der Stadt verhältnismäßig nahe liegen. Man würde dadurch Entwertungen des Staatsbesitzes hervorrufen, die der Kredit keiner Gemeinde zu tragen vermag. Nur eine allmähliche Abstufung der Zonengebilde kann den Gesamtorganismus lebensfähig erhalten.

Um dieses soziale Ziel in Hamburg zu erreichen, bedarf es nun aber nicht nur der Erkenntnis des Zieles und des guten Willens zu seiner Verfolgung, sondern es ist eine Fülle von äußeren und inneren Vorbedingungen dazu nötig. Diese sind teils gesetzestechnischer, teils gestaltungstechnischer, teils politischer Natur und ohne den Anspruch auf eine auch nur annähernd erschöpfende Behandlung soll hier wenigstens ihr innerer Zusammenhang klar gelegt werden.

Dabei kann man nur von den gesetzestechnischen Fragen ausgehen, sie ergeben gleichsam die Atmosphäre, in der sich alles übrige entwickelt. Diese Atmosphäre bedarf zum Teil einer gründlichen Veränderung und die Faktoren zu dieser Änderung liegen auf drei in Hamburg unterschiedlichen Gesetzes-Gebieten: dem Gebiet des Bebauungsplangesetzes, des Baupolizeigesetzes und des Baupflegegesetzes.

a. Gesetzestechnische Vorbedingungen

In Hamburg sind alle Bestimmungen, die sich auf die Vorbereitung der Siedlungstätigkeit, wie sie im Bebauungsplan zum Ausdruck kommt, beziehen, aus der Bauordnung herausgenommen und in einem Bebauungsplangesetz, „Gesetz vom 30. Dezember 1892, betr. den Bebauungsplan für die Vororte auf dem rechten Elbufer", vereinigt, das gegenwärtig der Revision wartet. In diesem Gesetze sind vor allem zwei grundsätzliche Gesichtspunkte enthalten, die einer völlig anderen Einstellung bedürfen, wenn die Weiterentwickelung der Stadt der Starrheit unveränderlicher, aus der Vergangenheit übernommener Zwänge entzogen werden und sich elastisch dem Gegenwartsbedürfnis anpassen soll.

Das eine ist der Gesichtspunkt, daß in einem Baublock der Zufall einer bereits vor den endgültigen gesetzlichen Regelungen an irgendeiner vereinzelten Stelle eingetretenen Entwickelung maßgebend wird für die Rechte aller anderen Siedler auf diesem Block. Ursprünglich war der Staat allen Grundstücksbesitzern zu Schadensersatzansprüchen verpflichtet, wenn er das Verbot der Errichtung von Etagenhäusern oder Wohnhöfen einem Baublock durch den Bebauungsplan auferlegte, in dem auch nur ein Etagenhaus (oder Wohnhof) bereits bestand. Am 15. Juli 1910 wurde „eine Abänderung des § 7 Absatz 3 unter b des Gesetzes" beschlossen, die dahin geht, daß keine Schadensansprüche hergeleitet werden können: „b. aus dem Verbot der Errichtung von Etagenhäusern bezw. Wohnhöfen, wenn das Grundstück der Teil eines Baublocks ist, auf welchem sich nicht mehr als ein Etagenhaus bezw. nicht mehr als ein Wohnhof befindet..."

Die zufällig bestehenden alten Verhältnisse werden also erst zugkräftig, wenn zwei Etagenhäuser oder Wohnhöfe in einem Baublock vorhanden sind. Das ist keine wirkliche Verbesserung, denn sie ist nicht grundsätzlicher Natur.

Die Auffassung, die sich in solcher Bestimmung ausspricht, ist nicht nur eine Fessel, sie ist der Keim für zahlreiche städtebauliche Krankheiten, ja man kann sagen, sie gewährt einer als krankhaft erkannten Entwicklung das Recht auf Ansteckung. Das ist lästig und gefährlich, aber es ist mehr als das, man empfindet es auch als moralisch unbegründet. Nur wenn man bei solchen Gesetzen den Zweck darin sieht, die Individual-Interessen nach Möglichkeit vor den Eingriffen staatlicher Erkenntnis zu schützen, hat solche Bestimmung eine innere Berechtigung. So wird man aber solche Gesetze schon lange nicht mehr auffassen wollen; sie sind dafür da, die Interessen der Allgemeinheit gegenüber den Individual-Interessen Nachdruck zu verleihen. Diese wirkende Kraft eines als untunlich erkannten Einzelvorgangs muß also nicht garantiert, sondern gebrochen werden.

Und aus einer ganz ähnlichen geistigen Einstellung heraus müssen die Gesichtspunkte gefaßt werden, die der Frage der Enteignung und Entschädigung gelten. Für eine organische künftige Wohnentwickelung der Stadt kann der aus der Vergangenheit überkommene Zufall der Besitzverteilung an Grund und Boden unter Umständen völlig vernichtend wirken. Die bisher weitaus vorherrschende Art des Werdens der neuen Stadt bestand darin, daß eine im Bebauungsplan schematisch vorgezeichnete rohe Form tropfenweise ausgegossen wurde, indem ein Grundstücksbesitzer nach dem andern seine jeweiligen baulichen Absichten zur Durchführung brachte. Soll das bauliche Wesen einer Stadt sich ändern, so muß man statt dessen auf Zusammenschlüsse hoffen, die größere zusammenhängende Teile nach einheitlichen Gesichtspunkten zur Ausführung bringen. Solche Ziele lassen sich nicht innerhalb der Zufallslinien bunt durcheinander gewürfelten Besitzes erreichen. Der Staat muß die Möglichkeit haben, wenn er solche Absichten selber durchführen oder sie durch Hergabe von Bauland in pachtartigem Verhältnis unterstützen will, das dafür nötige Gelände zu enteignen. Das Interesse der für die Allgemeinheit nötigen Entwicklung muß, auch wenn es Einzelnen weh tut, vor den Einzelinteressen stehen, und man darf die Durchführbarkeit solchen Gesichtspunktes nicht erst mit unverhältnismäßigen oder nach fiktiven Werten festgesetzten Opfern erkaufen müssen. Dafür müssen gerecht und billig erscheinende Formen im Gesetze gefunden werden, eine unendlich schwierige und harte Aufgabe, die nicht nach einer vorgefaßten Idee übers Knie gebrochen werden kann, die aber einer klaren Lösung unbedingt bedarf. Es liegen bereits Anträge vor, um sie in radikalster Weise zu lösen, eine Methode, die in der Regel statt der Schwierigkeiten, die an einer Stelle einfach beseitigt werden, Schwierigkeiten an anderer Stelle eintauscht.

Noch gibt es wenig Vorbilder auf diesem Gebiete, am weitesten ist vielleicht der Entwurf zur Züricher Bauordnung vom 20. November 1913 auf solche Gesichtspunkte eingegangen, eine Arbeit voller Weisheit, ohne daß man diese unmittelbar auf andere Verhältnisse übertragen könnte. Aber wahrscheinlich wird es für die Einzelstaaten gar nicht nötig werden, für diese Ziele besondere Formen aus sich selbst heraus zu finden. Es ist anzunehmen, daß die Gesetzesmaßnahmen zur Durchführung einer lange ersehnten Bodenreform vom Reiche ausgehen werden, da es für die Einzelstaaten kaum möglich ist, in dieser Beziehung eine Sonderpolitik einzuschlagen. Dann würden vermutlich für die Einzelstaaten nur die Ausführungsbestimmungen eines Rahmengesetzes nötig werden und das wäre gut, denn solche große grundlegende Umwälzungen lassen sich weit leichter ohne ungewollte Nebenerscheinungen durchführen, wenn sie allgemeinen Charakter tragen.

Hat man so eine neue Bewegungsfreiheit im Großen gewonnen, so muß nun das Baupolizeigesetz sie im einzelnen unterstützen. Auch technisch muß man sich rühren können.

Die neue Bauordnung für die Stadt Hamburg vom 19. Juli 1918, eine überreife Frucht von mehr als zwölfjährigen Vorarbeiten, läßt das Gefühl hierfür deutlich anklingen in einem Paragraphen, der ihr verhältnismäßig spät eingefügt worden ist:

„Zur Förderung des Baues von Kleinhäusern, das ist von Häusern die nur 2 Geschosse und in jedem Geschoß nicht mehr als zwei Wohnungen enthalten, sowie zur Förderung des Baues kleiner Wohnungen in dreigeschossigen Gebäuden kann der Senat die Baupolizeibehörde ermächtigen, Befreiungen von einzelnen baupolizeilichen Bestimmungen zu gewähren.“ (§ 127, 3.)

Aber es genügt nicht, diese Möglichkeit im allgemeinen auszusprechen, es war nötig, die Grundsätze für die Durchführung dieser Absicht genauer festzulegen, da die Privatarchitekten, die auf diese Bestimmung rechnen, sonst gezwungen wären, auf ganz unsichere Ziele hin Zeit und Kraft in ihre Entwurfsvorschläge zu stecken. In einem Gesetz vom 20. Dezember 1918 „betr. die Förderung des Baues kleiner Wohnungen“ wird die Baupolizei ausdrücklich ermächtigt, unter Festsetzung der jeweiligen näheren Bedingungen von einzelnen baupolizeilichen Bestimmungen zu befreien und die Grundsätze hierfür in einer besonderen Verordnung öffentlich bekannt zu geben.[1])

[1]) Vergl. Schumacher. Das Hamburger Gesetz vom 20. Dez. 1918, betr. die Förderung des Baues kleiner Wohunngen in „Die Volkswohnung“ 1. Jahrg. Heft 6.

Durch diese am 20. Dezember 1918 erfolgte Bekanntmachung ist endlich in der Hamburger Wohnungspolitik ein wichtiger Wendepunkt erreicht. Nach langen Kämpfen ist das durchgeführt, wofür sich das Hochbauwesen seit Jahren eingesetzt hat: eine Ergänzung der auf ganz allgemeine Großstadtverhältnisse zugeschnittenen Bauordnung im Sinne von Sonderbestimmungen für die weit einfacher und übersehbarer liegenden Verhältnisse des Kleinwohnungsbaues.

Diese Sonderbestimmungen erstrecken sich im Gegensatz zu vielen ähnlichen deutschen Gesetzen nicht nur auf das niedrige Kleinhaus, sondern in beschränkterem Maße auch auf Kleinwohnungen im vielstöckigen Zinshause. Das schien, soweit technische Überlegungen es zuließen, durchaus geboten, da mit dieser Bauform infolge unveränderbarer alter Verhältnisse einstweilen noch in erheblichem Umfange in Hamburg zu rechnen ist.

So war es möglich, ganz allgemein für Kleinwohnungen jeder Art von der Bestimmung doppelter gemeinsamer Umfassungswände zu entbinden, sobald die gleichzeitige Ausführung der Gebäude es zuläßt, was bei genossenschaftlichen Siedlungsprojekten eine nicht unerhebliche Rolle spielen dürfte. Auch für das Eigengewicht der Holzbalkendecken (250 kg/qm) und die Treppennutzlast (400 kg/qm) konnten geringere Ansprüche gestellt werden. Endlich ließ sich die lichte Raumhöhe für Aufenthaltsräume von 2,80 m auf 2,50 m (für Waschküchen 2,30m) herabsetzen. Gegenüber diesen allgemeinen Erleichterungen werden dann an besonderen Erleichterungen für Gebäude mit mehr als 3 Geschossen noch Ermäßigungen der Nutzlast der Wohnräume (200 kg/qm) und der Treppenbreiten (1 m) gewährt, die für Gebäude mit höchstens drei Geschossen noch etwas günstiger gestaltet sind (90 cm Treppenbreite). Die übrigen Erleichterungen beziehen sich nur auf Bauten mit höchstens drei Geschossen und auf „Kleinhäuser“, als welche „Häuser, die nicht mehr als 2 Geschosse und in jedem Geschosse höchstens 2 Wohnungen enthalten“, bezeichnet sind. Hier tritt außer einigen weiteren technischen Erleichterungen bezüglich der Wandstärken und der Nutzlast vor allem in Kraft, daß entgegen etwaiger genereller Bestimmungen des Bebauungsplanes auch Gruppen- und Reihenhausbau für Kleinwohnungen durchgeführt werden kann, eine Ausnahme, die bei Kleinhäusern noch dahin erweitert wird, daß unter Umständen auch Wohnhöfe zugelassen werden, wo die Errichtung solcher Anlagen durch das Gesetz oder den Bebauungsplan ausgeschlossen ist. Endlich kann in der Mindeststraßenbreite, die bisher auf 8 m festgelegt war, bis auf 5 m herabgegangen werden, wenn durch

Vorgartenstreifen Hausabstand und spätere Straßenverbreiterung gewährleistet wird. Diese letzten Bestimmungen, die den städtebaulichen Plänen neue Möglichkeiten für Kleinwohnungskolonien eröffnen, erscheinen besonders wichtig. Bisher waren sie Hamburg streng verschlossen und jeder, der mit den Lösungen von Kleinwohnungssiedlungen praktisch oder theoretisch auch nur etwas vertraut ist, weiß, daß erst der Reiz freier Gruppierung, die Heimlichkeit engerer Straßen und die Abgeschlossenheit wohnhofartiger Gebilde die eigentlichen Feinheiten aus der Aufgabe herauszuholen erlaubt. Hier geht wirtschaftlicher und künstlerischer Vorteil Hand in Hand, so daß es durchaus nötig war, diese Mittel der Praxis zugänglich zu machen.

Man kann es wohl als eine beinahe selbstverständliche Kulturpolitik betrachten, wenn der Staat die Gelegenheit, solche Erleichterungen zu geben, dazu benutzt, um nun auch seine feineren erzieherischen Absichten, die in einem allgemeinen Baugesetz keine Stätte finden können, zur Wirksamkeit zu bringen. Wer von den Vorteilen dieser Erleichterungen Gebrauch machen will, muß für seine Anlagen einen einwandfreien Plan vorlegen, dessen Durchführung, wenn es sich um größere Gruppen handelt, vorher gesichert sein muß. Alle Räume, auch Treppenhäuser, müssen am vollen Lichte liegen, und zwar so, daß in jeder Wohnung Querlüftung unbedingt möglich ist. Das führt dazu, daß in der Regel in jedem Geschosse nur 2 Wohnungen an einer Treppe liegen können. Daß die Aborträume in ganzer Höhe an der Fensterwand liegen, jede Wohnung einen eigenen Keller und einen gut gegen Witterungseinflüsse gesicherten Bodenraum hat, Wohnkeller verboten sind und Nebenräume auf dem Hinterland nur Erdgeschoßhöhe erhalten dürfen, sei nur flüchtig erwähnt. Endlich ist Vorsorge getroffen, daß alle diese sozialreformerischen Absichten auch wirklich bestehen bleiben und nicht sofort verschwinden, sowie die Behörde den Rücken gedreht hat: jede Änderung bedarf besonderer Genehmigung der Baupolizei.

Dieser Ausbau des Hamburger Baupolizeigesetzes zu einem Instrument, das nach unten hin elastisch und beweglich wird, ist sachlich ein großer Fortschritt, denn es gibt keine zeitgemäße Planung auf dem Gebiete der Kleinwohnungssiedlung, die nicht auf solche Ausnahmen angewiesen wäre. In künftiger Zeit dürfte ganz besonders die Neuerweckung des Wohnhofes eine Rolle spielen. Aber es ist vor allem symptomatisch ein großer Fortschritt, es ist das erste vielleicht noch unbewußte Zeichen von der Erkenntnis der Gefahr, als die sich selbst das bestüberlegte bisherige Baupolizeigesetz für die Entwickelung der Großstadt erwiesen hat, der Gefahr, die darin liegt, daß ein „in pessimum eventum“ konstruiertes Verhinderungsgesetz zeugende Kraft bekommt.

Es ist ganz unvermeidlich, daß ein Gesetz, dessen Aufgabe es ist, die letzten Ausschreitungen des großstädtischen Massenmietshauses im Zaume zu halten, in seinen Forderungen und Bestimmungen einen Geist erhält, der gegenüber allen Verhältnissen, die zum Ländlichen hinneigen zur Verzerrung wird, der aber auch schon auf Bauabsichten mittelstädtischen Charakters nicht mehr paßt.

Diese Erkenntnis hat neuerdings zu einer Wendung in der grundsätzlichen Auffassung der Konstruktion von Baupolizeigesetzen geführt, die eigentlich erst die Sache bei der Wurzel anpackt: die Grundbestimmungen des Gesetzes werden nicht für den schlimmsten Fall, sondern für mittlere Verhältnisse, wie sie sich im dreigeschossigen Bau darstellen, zugeschnitten. Von diesem festen mittleren Kern aus werden nicht nur nach unten hin die Vorschriften den einfachen Verhältnissen in Form von Zusatz- und Ausnahmebestimmungen angepaßt, sondern auch nach oben hin werden die komplizierteren Verhältnisse durch Zusatz- und Ausnahmebestimmungen erfaßt.

In diesem Sinne ist der Entwurf zu einer Bauordnung für Preußen angelegt, den der Staatskommissar für das Wohnungswesen am 25. April 1919 veröffentlicht hat. Er soll den mannigfaltigen preußischen Verhältnissen eine gemeinsame Grundlage geben und kann infolgedessen garnicht anders aufgezogen sein. Aber er gibt nicht nur das Prinzip für die Lösung dieser ganz besonderen preußischen Aufgabe, sondern das Prinzip, das verfolgt werden müßte, auch wo es sich nicht um ein vielgestaltiges Land, sondern um eine einzige Stadt handelt. Denn wenn eine künftige Großstadt lebensfähig bleiben soll, muß sie, im Gegensatz zu der bisherigen einseitigen Entwickelung, alle Entwickelungsformen des Wohnens, die auch in einem ganzen Lande nebeneinander stehen, wie in einem Mikrokosmos in sich vereinigen. Schon aus diesem Grunde ist zwischen einer Landesbauordnung und einer Großstadtbauordnung gar kein Unterschied mehr, und es wird eine der Zukunftsaufgaben Hamburgs werden, sein Baupolizeigesetz so aufzuziehen, daß es jeden Augenblick ein Landesgesetz werden könnte oder werden kann, das mit Sondervorschriften nach unten und nach oben arbeitet. Dadurch erst vermag ein solches Gesetz die nötige Elastizität zu bekommen und dadurch erst verliert es die Gefahren für die Entwickelung eines Stadtkörpers, die Hamburgs Beispiel deutlich genug, wie wir anzudeuten versuchten, zeigt.

Ein höchst interessantes wohnungspolitisches Kapitel tut sich dabei auf, wenn man sich das System der Sonder- und Ausnahme-Bestimmungen, das nach unten hin so segensreiche Bewegungsmöglichkeiten erschlossen hat, nun auch nach oben hin sinngemäß ausgebaut denkt.

Seit kurzem geht eine Bewegung durch die Reihen der deutschen Architektur-Strategen, die nach Mitteln sucht, um innerhalb der unvermeidlichen schematischen Gesetzesregelungen ein höheres Maß baulicher Beweglichkeit zu bekommen. Dies Streben hat seinen vielleicht beachtenswertesten Ausdruck gefunden, in den Vorschlägen von Kayser über „die kubische Berechnung der Bebauung von Grundstücken". Kayser will, um es kurz zu sagen, die Art, wie das Gesetz dem Boden bestimmte Beschränkungen auferlegt, dadurch elastisch machen, daß nicht Bauhöhe, Baufläche oder Bautiefe im Verhältnis zum Grundstück festgelegt werden, sondern nur die kubische Masse des umbauten Raumes. Dadurch soll die Möglichkeit gegeben werden, je nach architektonischem Bedarf, — und dabei sind natürlich nicht etwa nur wirtschaftliche sondern auch künstlerische Bedarfsgründe gemeint, — die Entwicklung der Massen in ihren in die Erscheinung tretenden Proportionen lenken zu können. — Die Tragweite eines solchen Vorschlages muß noch in mühsamer Arbeit weiter durchstudiert werden, ehe man sie ganz übersehen kann, aber das Eine ist sicher, daß Gedankengänge dieser Art in Sondervorschriften nach oben sehr viel leichter und ungefährlicher durchgeführt werden könnten, als wenn sie die Leitschnur aller Grundbestimmungen einer Bauordnung werden. Ob man bei näherer Untersuchung wirklich zum Kayserschen System kommt, soll hier völlig dahingestellt bleiben; für uns ist nur die Absicht wichtig, die in ihm zu Tage tritt.

Es ist selbstverständlich, daß man bei den Bestimmungen für alle baulichen Absichten, die vom eingeschossigen Hause nach oben gehen, zuerst an Beschränkungen denkt, die natürlich immer nötiger werden, je „großstädtischer" die Bebauung wird, aber daneben darf man diesen anderen Gesichtspunkt einer erhöhten Beweglichkeit nicht vergessen: vielleicht ist gerade hier die Abweichungsmöglichkeit von der alles fesselnden Grundregel ebenso nötig, wie beim Kleinhausbau. Was die Bezirke hoher Zinskästen so trostlos wirken läßt, ist außer der Schäbigkeit ihrer Durchbildung doch sicherlich die erdrückende Eintönigkeit der Massenentwicklung. Solange hier eine Abwechselung der persönlichen Willkür preisgegeben ist, wäre diese Eintönigkeit natürlich dem bunten Durcheinander solcher Willkür immer noch tausendmal vorzuziehen, aber im Rahmen eines einheitlichen architektonischen Willens könnte die Möglichkeit besonderer Massenbetonungen vom größten Segen für großstädtische Eindrücke werden. Das gilt auch dann, wenn diese Betonungen die Grenze der normalen Höchstbestimmungen übersteigen. Wir brauchen uns im Rahmen großstädtischer Wirkungen durchaus nicht vor Steigerungen des jetzt Üblichen zu fürchten, wenn sie nur an rechter Stelle einsetzen. Wer möchte sich beispielsweise die Riesenmassen des „Liver-Building" aus dem Hafeneindruck von Liverpool hinwegdenken? Beruht Reiz und Größe dieses Eindrucks nicht vielmehr geradezu auf solchen baulichen Extravaganzen am wohlgeeigneten Fleck? Gerade für Hamburg, dessen Hafen trotz aller seiner Reize architektonisch an einer gewissen Spießbürgerlichkeit krankt, liegen hier Perspektiven von außerordentlicher Wichtigkeit. Nicht nur wirtschaftliche, sondern auch künstlerische Werte können durch den Ausbau solcher Möglichkeiten gehoben werden.

Sobald man sich vorstellt, daß das Leitmotiv der Bauordnung darin besteht, von einer in der Mitte liegenden Norm nach beiden Seiten mit Sonderbestimmungen zu arbeiten, die an bestimmte Kontrollen und Voraussetzungen geknüpft sind, kann man solche befreienden Seitensprünge aus dem Rahmen der Norm ruhig wagen, denn man behält ja die Zügel völlig in der Hand.

Rechnet man aber in der Zukunft darauf, daß nicht die leblose Maschine eines Gesetzes die unentrinnbare Macht für das bauliche Gestalten eines Stückes Großstadt bleibt, so muß man folgerichtig auch ein Organ haben, das diese menschliche und gefühlsmäßige Lenkung an den Stellen übernimmt, wo die Wirkung der starren Maschine aufhört. Das führt zu dem dritten Gesetz, dessen Weiterausbau eine Vorbedingung für die Ziele der Zukunft ist: das Baupflegegesetz.

Hamburg hat das preußische „Verunstaltungs"-Gesetz in einer eigenen und in mancher Hinsicht weitergehenden Weise ausgebaut, aber das eigentliche Wesen, aus dem der ganze Gesetzesgedanke seiner Zeit hervorgegangen ist, der Schutz vor Unheil, kurz, der Verhinderungs-Charakter, ist dabei nicht durchbrochen. Es wird nötig sein, dies Wesen zu durchbrechen, und seine rein negative Einstellung zu einer positiven zu erweitern. Wir können die künstlerische Seite der architektonischen Großstadtwirkungen nicht wie bisher dem Zufall überlassen, der heute ein Straßenbild bunt zusammenwürfelt: hier dies, da jenes Material, — hier laute Prahlerei, da stiller Feinsinn; kurz, ein Gesamtbild ohne einheitlichen Rhythmus und beherrscht von willkürlichen Betonungen. Nicht als ob man die einzelne Leistung schablonisieren wollte; was einem bestimmten einheitlichen Willen entfließen muß, ist nicht das Einzelne, sondern die Verteilung der Betonungen, das bewußte Beherrschen des Rhythmus, der durch das Ganze geht.

Nur auf solcher Grundlage kann eine harmonische Wirkung entstehen und nur innerhalb einer solchen Harmonie kann das feinere Künstlertum des Einzelnen sich wirklich entfalten ohne erstickt zu werden. Aber noch mehr: erst die Einordnung in diesen bewußt übernommenen Zwang gibt die Möglichkeit an rechter Stelle dem völlig individuellen Wollen die Bahn freizumachen. Das geht eben nur, wo nicht eine mechanisch sondern eine gefühlsmäßig wirkende Gesetzeskraft den Gang der Dinge lenkt. Wenn man diese architektonische Wirkung der Stadt nicht mehr im liberalen Geiste als eine Sache des Individuums, sondern im sozialen Geiste als eine Sache der Allgemeinheit auffaßt, wird letzten Endes auch dem Künstlertum am besten gedient.

b. Gestaltungstechnische Vorbedingungen.

Mit diesen gesetzestechnischen Vorbedingungen müssen nun gestaltungstechnische Hand in Hand gehen, um das Ziel einer Reform zu erreichen. Teils sind sie bautechnischer, teils siedlungstechnischer Natur.

Soweit die ersteren grundsätzlicher Art sind, haben wir schon von ihnen gesprochen und wollen es hier nicht wiederholen: es sind die Maßnahmen, die dazu dienen, den Bebauungsplan allen sozialen und hygienischen Ansprüchen gewachsen und ihn zugleich elastisch zu machen.

Diese größere Elastizität dem mechanisch vorbestimmten Schema gegenüber darf nun nicht nur dem einzelnen Bauwerk zu Gute kommen, sie muß sich auch erstrecken auf das Bausystem und daraus müssen sowohl für das Großhaus wie für das Kleinhaus neue Möglichkeiten erwachsen.

In Großhausquartieren sind wir zurzeit in Hamburg gewohnt uns nur Aufteilungen vorstellen zu können, die zu rings am Rande gleichmäßig bebauten, von Straßen umgebenen Blöcken führen. Das ist natürlich, denn nur in solchen indifferenten Blöcken ist die Aneinanderreihung aller möglicher verschiedener Bauten, wie sie der Zufall des Grundbesitzes mit sich bringt, überhaupt vorstellbar. Es ist aber durchaus nicht die einzige Form, wie etwa die größeren Blöcke, die der elastische Bebauungsplan zunächst nur festlegt, unterteilt werden können. Man kann einer solchen Aufgabe außerordentlich viel größere Reize abgewinnen, wenn man sie mit architektonischem Sinn derartig zu gliedern versteht, daß das Gebiet nicht in einzelne Straßen zerfällt, sondern ein zusammenhängendes Gefüge bleibt. Das Hochbauwesen hat neuerdings behufs Anregung etwaiger Siedler mehrere derartige Ausarbeitungen gemacht, wo statt nebeneinander laufender Straßen, hofartige Eindrücke entstehen, die in einer Achse derartig angeordnet sind, daß sich eine Raumfolge bildet. Die Häuser sind so gestellt, daß sie sich kulissenartig in die Durchblicke schieben und so eine Steigerung der architektonischen Wirkung erzielt ist, ohne daß ein baulicher Aufwand dafür nötig wird. Man erreicht dadurch, daß sich abgeschlossene Wohneindrücke inmitten der Häusermassen bilden, die dem Bewohner ein heimlicheres Gefühl geben, vor allem aber erreicht man eine Wirkungssteigerung, die solchen einfachen Wohnhausblock in die Klasse der monumentalen Aufgaben hebt.

Denn solche Hofzusammenhänge, wie sie sich hier von selbst ergeben, finden wir sonst nur, — wenn der Vergleich richtig verstanden wird, — in großen herrschaftlichen Anlagen. Nicht als ob nun die Wirkung eine ähnliche würde, das wäre eine höchst bedenkliche Folge, — nein, die Wirkung bleibt ganz bürgerlich, — was vergleichbar ist, liegt in dem Geist architektonischer Massenverteilung. Dieser künstlerische Geist läßt sich nicht nur in feudalen, sondern auch in demokratischen Gebilden erwecken und darin liegt eine Hoffnung. Die neuesten Großhausquartiere, die Krupp für seine Angestellten in Essen erbaut hat, zeigen, daß dies Streben voll verwirklichbar ist, es hat nur eine Voraussetzung: statt zahlloser unvereinter Einzelwillen muß ein zusammenfassender Massenwille die Anlage beherrschen können.

Diese Voraussetzung eines Massenwillens trifft bei allen Reformabsichten zu, die sich auf die technischen Systeme des Wohnbaus beziehen. Eine ganze Reihe neuartiger Versuche, die darauf hinausgehen, den Kleinhaus-Charakter mit der Großhaus-Masse durch allerhand geistreiche Gedankengänge zu verbinden (vergl. Vorschläge von de Fries, Wohnstädte der Zukunft. Verlag Bauwelt 1919.) sind ohne diese Voraussetzung nicht denkbar, vor allem aber das wirkliche Kleinhaus ist als Einzelerscheinung eine Unmöglichkeit erst als Massenerscheinung wird es im Rahmen der Großstadt gestaltbar. Das gilt nicht nur künstlerisch, wo erst Rhythmus und Art von Reihung und Gruppierung verwandter Elemente den Ansatzpunkt der Gestaltung gibt, sondern auch wirtschaftlich, wo erst der Boden erschwinglicher Preisverhältnisse erreicht wird, wenn man durch Typisierung der Bauteile und Wiederholung gleicher Baulichkeiten die Herstellungspreise herabzuschrauben vermag.

Alle Gesichtspunkte laufen also auf die gleiche Forderung hinaus: an die Stelle von Einzellösungen muß die Lösung zusammengefaßter größerer Bezirke treten, wenn die Möglichkeiten der Zukunft ausgeschöpft werden sollen. Das führt zu einem immer stärkeren Ausbau aller Organisationen, die in Gestalt von Gesellschaften oder Genossenschaften dem Wohnungsbau dienen. Dieser

Ausbau wird zu einer wichtigen Aufgabe des Staates. Er wird sie in erforderlichem Maßstab nur lösen können, wenn er selbst aus der Zurückhaltung, die er bisher der Wohnungsfrage gegenüber als wohlwollender Zuschauer und gelegentlicher Förderer einnahm, zu einer aktiven Politik übergeht. Die Etappen zu dieser entscheidenden Verschiebung in der Rolle, die der Staat dem Wohnungswesen gegenüber spielt, zeigen sich in Hamburg während der letzten Jahre mit großer Deutlichkeit.

Am 7. August 1914, unmittelbar nach Kriegsausbruch, wurde in Hamburg eine Beleihungskasse für Hypotheken gegründet, deren Aufgabe es sein sollte, in den schweren durch die Kriegsnot geschaffenen Verhältnissen „durch Beleihung sicherer Hamburgischer Hypotheken dem Kreditbedürfnis des Handels und Gewerbes in Hamburg Rechnung zu tragen." Der Kasse wurden 200 Millionen zur Verfügung gestellt.

Ursprünglich war die Einrichtung nicht als eine dauernde gedacht, aber es zeigt sich immer deutlicher, daß ihre Tätigkeit in absehbarer Zeit kaum wird abgebaut werden können, im Gegenteil wurde das Arbeitsgebiet dieser Kasse in wichtiger Weise weiter ausgedehnt, als es galt, die völlig stockende Entwicklung des Wohnungswesens neu wieder in Gang zu bringen.

Diese Beleihungskasse wurde durch ein „Gesetz vom 20. Dezember 1918 betr. die Förderung des Baues kleiner Wohnungen" zur Trägerin der ganzen Finanzierungsfragen gemacht, die sich aus der Wohnungsnot nach dem Kriege ergeben. Aus ihren Fonds wurden einstweilen 10 Millionen zur Verfügung gestellt für Gewährung von Beiträgen für Baukostenüberteurung und von Hypotheken und Darlehen um fruchtbar erscheinende Siedlungsabsichten zu fördern.

In der Tat ist das Maß, bis zu dem der Staat helfend eingreifen muß, um irgendeine Bauabsicht zur Verwirklichung zu bringen, so groß geworden, daß alle Dinge mehr oder weniger den Charakter des gemischt-wirtschaftlichen Unternehmens annehmen. Damit wird man von selber zu dieser Form des Betriebes geführt, dem Hamburg bislang in wohnungspolitischen Dingen aus dem Wege ging, und mit der doch wohl die natürlichste und beweglichste Art gegeben ist, in der diese Fragen unter normalen Verhältnissen gelöst werden können. Unter dem Druck der anormalen Verhältnisse des Jahres 1919 sah sich Hamburg sogar gezwungen, diese bisher gemiedene Entwicklungsstufe zu überspringen und noch einen Schritt weiter zu gehen, nämlich zur völligen staatlichen Verwirklichung eines großen Siedlungsprojektes. Damit hat es einen ersten tastenden Schritt auf die Bahn gewagt, die viele überhaupt für die Bahn der Zukunft halten.

Hamburg stand vor der Wahl angesichts der drohenden Wohnungsnot entweder eine große provisorische Barackenkolonie oder eine endgültige Siedelung in Behelfsbauweisen zu bauen. Da sofort gehandelt werden mußte, verbot schon die Zeitfrage, das Zustandekommen eines privaten Unternehmens abzuwarten und so nahm der Staat selbst die Herstellung einer kleinen Stadt von 800 Kleinhäusern in die Hand, die vom Hochbauwesen in dem nördlichsten Vorort des Stadtgebietes, Langenhorn, geplant war.

Da die Eile nicht erlaubte, erst die Fertigstellung einer Kanalisation abzuwarten, mußte man die einzelnen Parzellen so groß wählen, daß alle Abwässer und Abgänge auf dem Grundstücke verwertet werden können; das führte zu Parzellen von 750 qm, mit einem Worte, die Siedlung erhält einen völlig gartenmäßigen Typus und verwirklicht so für Hamburg zum erstenmale zwei neue wohnungspolitische Momente: die lange erstrebte, vielumstrittene Kleinhaussiedlung im Nutzgarten und die aktive staatliche Wohnungsfürsorge.

Damit ist auf siedlungstechnischem Gebiet Neuland betreten, leider infolge der ungeheuerlichen Preisverhältnisse unter Begleitumständen, die den Versuch für die grundsätzliche, nämlich die volkswirtschaftliche Seite der Sache unmaßgeblich machen.

Das läßt sich gegenwärtig überall da, wo Bauten eine Hauptrolle in einem Unternehmen spielen, nicht vermeiden.

Diese große Schwierigkeit zeigt aber deutlich, daß die hauptsächlichen siedlungstechnischen Aufgaben, die es zunächst zu lösen gilt, nicht allein, ja, vielleicht nicht einmal vorzugsweise auf diesem Gebiet der städtischen Gartenkolonie liegen, man muß sie außerhalb der Stadt suchen, da, wo die landwirtschaftlichen Fragen und das landwirtschaftliche Ziel nicht als kleine Zugabe zur Wohnungsfrage und zum Wohnungsziel auftritt, sondern zur Hauptsache wird.

Mit einem Worte, die Förderung der Innensiedlung im Sinne der Schaffung ländlicher Wirtschafts-Heimstätten ist das große Problem, vor das Hamburg gleichzeitig mit jener Kleinhauskolonie zum erstenmale gestellt wird. Eine völlig neue Perspektive tut sich damit für seine Wohnungspolitik auf.

Es ist im allgemeinen wohl begreiflich, daß Hamburg in dem letzten halben Jahrhundert, das seinen städtischen Kern zur Großstadt heranwachsen ließ, ganz im Banne der Aufgaben und Nöte dieser Stadtentwickelung stand und daß das Landgebiet, das außer diesem Kern zu seinem Staatsbegriff gehörte, daneben eine bescheidene und verhältnismäßig wenig beachtete Rolle gespielt hat. Immer deutlicher beginnt sich neuerdings bemerklich zu machen, daß dieses Landgebiet nicht nur schlecht und recht verwaltet werden darf, sondern mit in den Umkreis schöpferischer Überlegungen gezogen werden muß. Gerade nach dieser Richtung liegen vielleicht die wichtigsten der Hamburger Zukunftsfragen.

Als zuerst die Gedanken der „Wirtschafts-Heimstätten" auftauchten, gab es viele, die meinten, für Hamburg mit seinem kleinen territorialen Besitz kämen solche Fragen kaum in Betracht. Allerdings trifft das zu, soweit es sich etwa um Landlieferungs-Verbände für Ackerland handeln würde. Hamburg besitzt kein Gebiet, das hierfür in Betracht kommen könnte, sein Geestbesitz, der zuerst in Frage stände, ist viel zu klein und sein Marschbesitz ist viel zu teuer; unter 1 Mk. für den qm ist hier im allgemeinen nicht mehr zu kaufen. Das Marschland aber, zwischen Dove-Elbe und Süderelbe einschließlich Curslack und Altengamme kann in anderer Beziehung als Ansiedlungsland von großer Wichtigkeit werden. Es ist bereits teilweise von Bahnen erschlossen, der hauptsächliche Erschließungsstrang aber, die sog. „Marschbahn" ist mitten im Bau, wichtige Wasserstraßen, die reguliert werden sollen, durchziehen es in Gestalt verschiedener Elbarme. Sobald hier die ebenfalls geplante Entwässerung und Hand in Hand mit ihr einige Straßenbauten ausgeführt sind, wird man in diesem Bezirk ein ideales Siedlungsgebiet haben, das zwar nicht für Ackerwirtschaft wohl aber für Gemüsebau hervorragend geeignet ist. Die Hamburger Gemüsebauern bebauen in der Regel 1 ½ ha als Gemüseland, wozu sie oftmals noch einen halben Hektar als Ackerland in Pacht nehmen, ein Gebiet, das manchmal bis zu 3 oder 3 ½ ha steigt. Jene kleinste Form des Betriebes vermag zurzeit eine Familie zu ernähren, da doppelte und dreifache Ernten möglich sind und es gibt Fachmänner, die noch eine gewaltige Steigerung der Möglichkeiten nach dieser Seite voraussagen. Man darf nach Angaben von Sachverständigen annehmen, daß man in 3 Jahren das jetzige Ackerland so zu kultivieren vermag, daß es zum Gemüsebau taugt, dadurch kann man seinen Wert von 1 Mk. auf 6 bis 12 Mk. steigern. In diesem Teil der Hamburger Marsch können weite Strecken, die insbesondere durch ihre Wasserverbindung für Gemüsekultur vorausbestimmt erscheinen, dieser wertvolleren Benutzung zugeführt werden und zwar ohne daß man die jetzigen Hofbesitzer zu verdrängen braucht; sie müßten die gleiche Schwenkung in ihrem entsprechend verkleinerten Betriebe mitmachen. In alledem liegt ein Ausblick, der für Hamburg von großer Wichtigkeit werden kann, denn es eröffnet sich eine Siedlungsmöglichkeit, die ihrem Grundgedanken nach wirtschaftlich durchführbar erscheint. Und das ist für Hamburg eine seltene Ausnahme. Denn den anderen Siedlungsformen, die nicht darauf hinausgehen, dem Städter zum Landbewohner zu machen, sondern die dem besonders sehnsüchtig verfolgten Ziele nachstreben, einen Städterberuf mit bescheidener Gartenwirtschaft zu verbinden, stehen in Hamburg ganz besondere Schwierigkeiten entgegen. Vielfach hat man geglaubt, diese Schwierigkeiten lägen an der Grundeigentümer-Politik, unter deren Zeichen Hamburg in der vergangenen Epoche fraglos in einem Maße stand, die seiner Sozialpolitik nicht zum Segen gereicht hat, — aber es wäre eine vollkommene Verkennung der Lage, wenn man hier die alleinigen Wurzeln suchen wollte. Es ist ein leider weit verbreiteter Wahn, daß mit der Bodenreform alle Siedlungswünsche erfüllbar werden. Sie ist nur eine erste notwendige Vorbedingung; ist diese erfüllt, so bleiben noch viele andere und nicht weniger schwierige übrig, die ebenfalls errungen sein müssen, wenn ein praktischer Erfolg erzielt werden soll. Deshalb werden auch, nachdem die Macht des Grundeigentümers völlig gebrochen ist, in Hamburg die Schwierigkeiten bestehen bleiben; sie liegen eben in viel tieferen Ursachen, nämlich in der seltenen Ungunst der Struktur des Gebildes, das die Form von Hamburgs politischen Grenzen trägt. Für die Ausgestaltung der künftigen Stadt sind deshalb neben gesetzestechnischen und siedlungstechnischen Vorbedingungen vor allem politische Vorbedingungen zu lösen: die politischen Grenzen Hamburgs müssen erweiternd umgestaltet werden.

c. Politische Vorbedingungen.

An anderer Stelle[1]) habe ich bereits ausführlich auseinandergesetzt, worin die hauptsächlichen Schwierigkeiten liegen, die sich für die Entwicklung des Wohnungswesens aus den gegenwärtigen politischen Grenzen Hamburgs ergeben. Sie sind grundsätzlicher Natur. Die Engigkeit des Gebietes beschränkte an sich schon die Möglichkeiten, die sich für Siedlungsabsichten bieten; diese Beschränkung wird aber dadurch noch erheblich gesteigert, daß sie in weiten Bezirken infolge des begrenzten Angebots die Grundstückswerte für Kleinwohnungen unerschwinglich werden läßt. — Die seltsam zerrissene Form der Grenzen macht es unmöglich, das Arbeitsgebiet der Stadt mit dezentralisierten Arbeiter-Siedlungen in wirklich praktische Schnellbahn-Verbindung zu bringen. — Die geologische Beschaffenheit endlich, wird dadurch verhängnisvoll, daß das natürliche Wohngebiet der Geest einen so schlechten Zusammenhang mit dem Arbeitsgebiet der Marsch hat, daß man in absehbarer Zukunft damit rechnen muß, die Menschen

---

[1]) Schumacher, „Groß-Hamburg“ in „Der Städtebau“. 1919 Heft 78. Schumacher, „Groß-Hamburg als wohnungspolitische Frage“ in Schmollers Jahrbuch, 1919. Aprilheft.

auf dem künstlich mit einer 5 m hohen Sandschicht aufgehöhten Marschboden in unnatürlicher Weise anzusiedeln.

Diese unüberwindlichen Tatsachen geben alle den im vorstehenden angedeuteten Reformen und Methcden nur eine beschränkte Wirkungsmöglichkeit; auch wenn sie sämtlich segensreich in Kraft treten, stößt man an allen Seiten auf geographisch-politische Hemmungen, die ihre eigentliche Entfaltung verhindern. Deshalb kann man sich die künftige Ausgestaltung des Wohnungswesens der Stadt ohne eine vorherige politische Umgestaltung nicht denken. Dieses Problem eines „Groß Hamburg" hat wie alle Dinge in dieser Stadt in Hafenfragen seinen Ursprung, aber es wächst weit über wirtschaftlich-technische Gesichtspunkte hinaus und wird letzten Endes eine soziale Frage von tiefgreifendster allgemeiner Bedeutung. In gegebenen historischen Verhältnissen vergißt man leicht, daß auch der Organismus eines menschlichen Gemeinwesens sich nur gesund zu entwickeln vermag, wenn diese Verhältnisse ein natürliches Wachstum gestatten. Was ein „natürliches Wachstum" bedeuten würde, kann man sich mit seltener Deutlichkeit vergegenwärtigen, wenn eine Stadt ein so klar und eindeutig ausgeprägtes Kraftzentrum besitzt, wie Hamburg in seinem Hafen. Nur eine Entwicklung, die sich in gleichmäßigen, nach allen Seiten gehenden Ausstrahlungen um dieses Kraftzentrum legt, ist natürlich zu nennen. Diese Möglichkeit ist dem gegenwärtigen Hamburg im ausgeprägtesten Maße abgeschnitten: nur als schmaler Arm zweigt das Wchngebiet vom Arbeitsgebiet des Hafens ab. Statt dessen müßte es dies Arbeitsgebiet rings umfassen, nur dann können sich alle jene Wechselwirkungen des menschlichen Lebens, die ihm sein sc ziales Gepräge geben, vor allem die Wechselwirkung zwischen Arbeiten und Wohnen richtig und natürlich entfalten.

Es ist völlig undenkbar, die Wohnungspolitik eines Siedlungsgebildes innerhalb ganz willkürlicher Schranken, die nur auf dem Papier vorhanden sind und die in keinerlei innerer Beziehung zu dieser Aufgabe stehen, gesund zu entwickeln. Wenn man die Hamburger Wohnungsfragen über die Gegenwart hinaus mit dem Auge der Zukunft betrachtet, darf man sich nicht darüber täuschen, daß auch eine energisch durchgeführte Bodenreform ihre Nöte nicht aufzuheben vermag, sie wird nur die Möglichkeit ergeben, sich innerhalb der unheilvoll verzwickten jetzigen lokalen Zusammenhänge, deren Leistungsfähigkeit für Siedlungspläne bald erschöpft sein wird, etwas freier zu bewegen. — Ein weit in die Zukunft blickendes sinngemäßes Disponieren ist durch die äußeren Verhältnisse von vornherein abgeschnitten. Mag man Hamburgs Wohnpolitik nach noch so gesunden Grundsätzen zu lenken versuchen, je größer die Stadt wird, umso mehr wird sich zeigen, daß dieser Gesundungsstrom den Krankheitskeim, der in ihrer Struktur liegt, nicht zu überwinden vermag.

Wenn ich das sage, spreche ich nicht von der unmittelbaren Gegenwart, sondern von der Zukunft. Es wäre vor allem sehr falsch zu glauben, daß die Verwirklichung des Groß-Hamburg-Gedankens die gerade im Augenblick vorliegenden Schwierigkeiten wesentlich vereinfachen wird. Die eigentliche Vereinfachung ergibt sich erst, wenn die durch ein Groß-Hamburg neu entstehenden Siedlungsmöglichkeiten durch neue Verkehrszüge erschlossen und fruchtbar gemacht sind. Aber man darf deshalb nicht glauben, daß diese weitergreifenden Gedanken ruhig noch verschoben werden könnten, — das wäre aus vielen Gründen sehr angenehm, aber man darf es nicht wünschen, denn alles was wir gerade jetzt, wo tausend neue Kräfte im Fluß sind, machen, müßte bereits auf dieses Bild der Zukunft zugeschnitten sein. Man kann nicht etwa die Siedlungsmöglichkeiten, die das jetzige Hamburg bietet, aufgebrauchen, und dann übergehen zu den Siedlungsmöglichkeiten die ein Groß-Hamburg bieten wird. Damit würde man zahlreiche fruchtbare Zusammenhänge stören, ja abschneiden. Große Zukunftslinien kann man auf diesem Gebiete nur in Jahrzehnte langer Vorarbeit vorbereiten. Was jetzt nicht vorbereitet wird bei jeder Maßnahme, die man trifft, wird nach jenen Jahrzehnten nicht da sein, — ja, mehr als das, es wird dann meist, selbst wenn man den Zeitverlust nicht in Rechnung stellt, unmöglich geworden sein.

Hamburg muß sich bald entscheiden, ob es sein Marschgebiet von Billwärder auch über den Bedarf an Industriegebiet herüber aufhöhen will, um dort Kleinwohnungen vorzubereiten, oder ob es dies Gebiet der natürlichen Benutzung seines fruchtbaren Bodens zu Gemüsebau-Siedlungen zuführen will. Die Vorbedingung zu dieser Entscheidung ist die Gewißheit, ob es die Arbeiter seines künftigen Industrie-Bezirks auf der benachbarten jetzt preußischen Geest ansiedeln kann, oder sie in seiner eigenen Marsch unterbringen muß.

Hamburg muß sich bald entscheiden, wie es die gewaltigen Maßnahmen für die innere Verkehrspolitik seines Hafens einrichten will, und die Vorbedingung zu dieser Entscheidung wird die Gewißheit darüber sein, von welchen Richtungen aus es auf den Zustrom seiner Arbeiter zu rechnen hat.

Hamburg muß sich bald entscheiden, ob es auf die Dezentralisierung seiner Siedlungsbestrebungen in Nebenzentren lossteuern will und kann, oder ob es den Gürtel dieser Siedlungen möglichst eng um den eigenen Leib zu ziehen gezwungen ist. Alle großen

Bahnfragen, die es fast bei jedem seiner Bebauungspläne vorausbestimmend festlegen muß, stehen damit in Zusammenhang. Das verkehrspolitische Verhältnis vor allem zu Harburg, zu Bergedorf und Wandsbek hängt ab von der politischen Zukunft der dazwischenliegenden Bezirke und aus den Linien des Verkehrs ergeben sich erst die Grundzüge der Wohnungspolitik.

Kurz die Saat der Zukunft, die der städtebaulich Schaffende mit jeder seiner oft ganz unscheinbar wirkenden Maßnahmen nebenher ausstreut, muß ganz anders behandelt werden, je nachdem mit welcher künftigen Gebietsform man zu rechnen hat. Auch wenn man die politischen Grenzen eines künftigen Gebietes kennt, ist die richtige Behandlung dieser Zukunftsfragen schon schwer genug, kennt man sie nicht, so wird sie unmöglich. Das ist der Grund, weshalb wir bei einem Blick in die wohnungspolitische Zukunft immer wieder auf diese territorial-politische Frage stoßen. Es ist klar, daß sie mit allen ihren schwer übersehbaren Folgen in Zeiten eines wirren und bedrückenden Übergangs eine höchst unbequeme Frage ist, aber man kann ihr auch dann nicht entgehen, wenn ihre politische Lösung im Sinne einer Grenzregulierung sich etwa als unmöglich erweisen sollte. Sie wandelt dann nur ihr äußeres Antlitz; statt einer Absteckung neuer politischer Grenzen handelt es sich dann um die Absteckung eines neuen soziologischen Selbstverwaltungsbezirkes. Das ist im Grunde das gleiche Problem in anderem äußeren Gewande. Es läßt sich eben nicht vermeiden gerade in solchen katastrophalen Übergangszeiten mutig die schwersten und die größten Probleme anzupacken, wenn man die Möglichkeiten der Zukunft nicht preisgeben, sondern so gut man kann festwurzeln will. — *In großen Zeitenwenden hat es das Schicksal so eingerichtet, daß man zur gleichen Zeit, wo man das zerstörte Dasein gegen die unmittelbaren Bedrängnisse des nächsten Tages mit aller Anspannung schützen muß, zugleich die Keime zu legen hat, die erst in späteren Tagen ihre Früchte tragen können.* Nur das aufgewühlte Erdreich nimmt sie auf, — später fruchten sie nicht mehr. Neben der schweren Verantwortung gegenüber der Gegenwart muß man sich dieser Verantwortung gegenüber der Zukunft immer bewußt sein.

So führen die Betrachtungen der Hamburger Wohnungspolitik zu mancherlei Fragen, die nur indirekt mit der eigentlich architektonisch-technischen Seite der Sache zusammenhängen. Das ist kein Zufall, das ist typisch. Die Wurzeln bestimmt umrissener wohnungspolitischer Fragen liegen eigentlich immer außerhalb des Bereiches ihrer technischen Gesichtspunkte.

Wer das erkannt hat, wird vorsichtig in der Ausmalung architektonisch-künstlerischer Zukunftsbilder. Es wird manchem, der in dieser Zeit gerade aus Architektenmund herrliche Phantasien hat erblühen sehen, auffallen, daß hier lediglich von allerlei großen und kleinen geistigen und technischen Organisationsfragen die Rede gewesen ist, die nur recht nüchterne Vorstellungen zu wecken geeignet sind. Jede auf bestimmt gegebene Zustände gemünzte sachliche Darstellung solcher Fragen wird diesen Charakter notwendig tragen müssen, denn beim wirklichen Schaffen auf wohnungspolitischem Gebiete nützt der dionysische Schwung des Künstlers nicht viel, — es ist eine Schachaufgabe des Geistes. Nur von dieser geistigen Aufgabe läßt sich in Worten berichten. Damit ist nicht gesagt, daß, wenn diese Schachaufgabe einstmals gelöst ist, nicht auch die Kunst zu ihrem Rechte kommen könnte, man darf sogar glauben, daß das im steigenden Maße der Fall sein wird.

Nicht nur lernen wir immer mehr aus Gruppierung, Rhythmus und Formung der Häuserzeile künstlerische Werte zu gewinnen, wir kommen auch, und darin liegt die noch wichtigere Hoffnung, aus den Lebensformen, die einer klaren und gesunden Wohnungspolitik entspringen, zu neuen künstlerischen Aufgaben: die Stätte einer Lebensgemeinschaft zu bilden, ist etwas anderes, wie das Erbauen einer Anzahl beliebiger Einzelwohnungen. Und blickt man weiter, so können sich aus der Verkörperung des Gemeinschaftswillens architektonische Gebilde gesteigerter Art ergeben. Denkt man sich die Dinge, die der Lebensnotdurft eines Menschenkreises dienen: Schule, — Schwimmbad, — Spielplatz, — Bücherhalle, — Versammlungsraum — zu einem einheitlichen organischen Gefüge zusammengehalten, so kann man sich ohne den Rahmen des Realen zu sprengen gesteigerte Wirkungen vorstellen, die zu großen beherrschenden Eindrücken zu werden vermögen. Was frühere Zeiten nur in Stein auszudrücken pflegten, und in ihren Domen verkörperten, die allem Leben, dem alltäglichen und dem feierlichen, den Mittelpunkt gaben, das werden wir heute in einer Vereinigung von baukünstlerischen und gartenkünstlerischen Eindrücken auszusprechen haben, die nicht weniger formaler und kultureller Mittelpunkt einer Lebensgemeinschaft werden können. Alle Kunst kann hier ungezwungen ihre Heimstätte finden, alle geistigen und körperlichen Bedürfnisse können hier zusammenströmen. Unser neues Leben wird sich nie wieder ganz in geschlossene Bauten bannen lassen; das, was ihm gegenüber dem Leben früherer Zeiten eigentümlich ist, kann man in der Art suchen, wie wir unser Dasein dem Zwang der Entwicklung entgegenarbeitend wieder mit Natur und Körperkultur in Verbindung zu bringen suchen. Das wird sich in den repräsentativen Gebilden aussprechen, die für den Geist dieser Zeit eigentümlich sind und so werden sie den Charakter der Verbindung von Platz und Bau und Wasserfläche, kurz sie werden städtebaulichen Charakter tragen. Was daraus entstehen kann, vermag künstlerische Phantasie sich schon heute groß und schön auszumalen, hoffentlich aber wird es noch viel schöner und eigentümlicher werden. Denn nur wenn es gelingt, den neuen Geist der Zeit, der wir entgegengehen auch in baulichen Gebilden zu fassen, wird sein Wesen fest verankert sein. Es läßt sich schwer sagen, ob eine solche Umsetzung in einen sichtbaren Organismus, das Zeichen für das Reifsein dieses Wesens oder das Mittel zu seinem Reifwerden bedeutet.

Es ist ein langer Weg, der in Richtung des Zieles führt, für die Massenhäufung der Menschen eine menschenwürdige Form zu finden. Wenn man ihn an der Geschichte einer bestimmten Stadt rückschauend ins Auge faßt, so sieht man, daß er über Berg und Tal geht. — Aber wie kritisch man ihn auch betrachten mag, zum Schluß wird man glaube ich doch das Gefühl davontragen, daß er mit einer gewissen Naturnotwendigkeit seinen mühevollen Verlauf nimmt. Noch immer hat die Menschheit den Weg zu großen Lösungen nur durch Experimente gefunden. Auf anderen Lebensgebieten sinken die mißlungenen unter diesen Experimenten unbeachtet in Nichts zusammen, sobald sie überholt sind. Die Architektur steht unter dem Schicksalszwang, daß sie die Kette solcher Versuche immer weiter mit sich schleppen muß. In der Tat ist die Großstadt, wie wir sie heute vor uns sehen, die versteinerte Kette solcher Experimente.

Vielleicht stehen wir in der Reihe dieser Versuche gegenwärtig an einem Wendepunkt, wo man beginnt, neue Methoden, die langsam in emsiger Arbeit vorbereitet wurden, in großem Maßstab anzuwenden. Ob man dem Ziel wirklich näher kommt, wird in Wahrheit daran liegen, ob es gelingt unser ganzes deutsches Volk wieder mit dem Blut neuen fruchtbaren Arbeitslebens zu durchpulsen. Das gilt vielleicht für keine deutsche Stadt mehr, als für Hamburg. Wenn das wirtschaftliche Leben vertrocknet, vertrocknen auch die schönsten Reformgedanken der Wohnungspolitik, deshalb hängt unser Schicksal in dieser Frage von mehr ab, als von der Erkenntnis der Forderungen für ihre Lösung. Es ist untrennbar verwoben mit dem Schicksal unseres ganzen Volkes.

Kolibri 360 GmbH
Ferdinand-Jühlke-Straße 7
99095 Erfurt, Deutschland
produktsicherheit@kolibri360.de